主な水生生物写真集

カゲロウ目

カゲロウの模式図

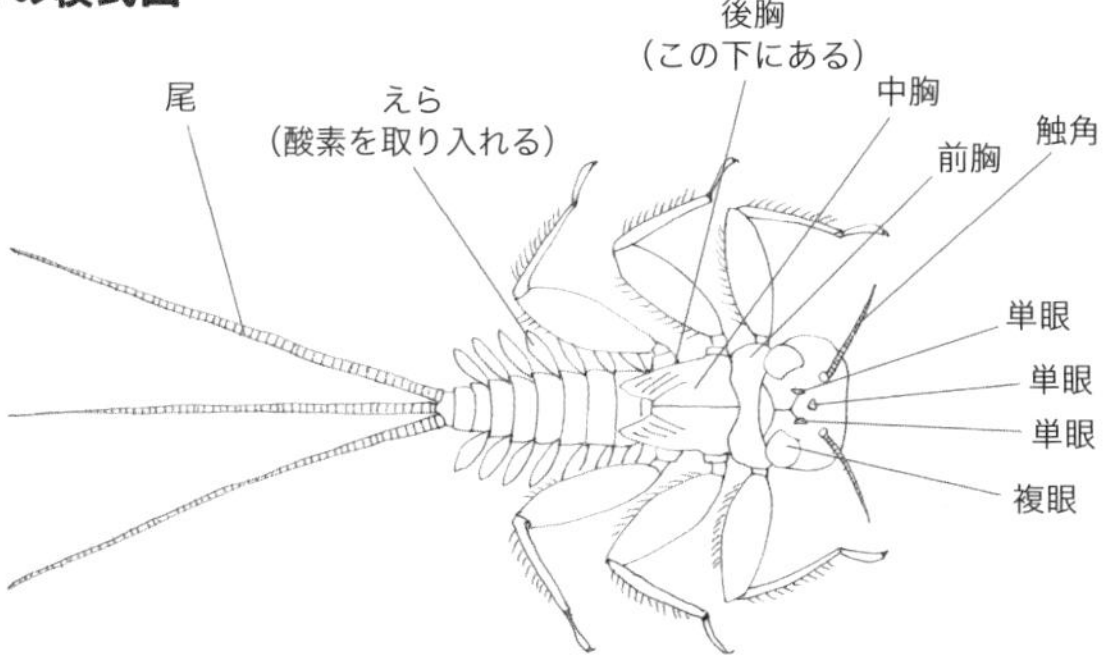

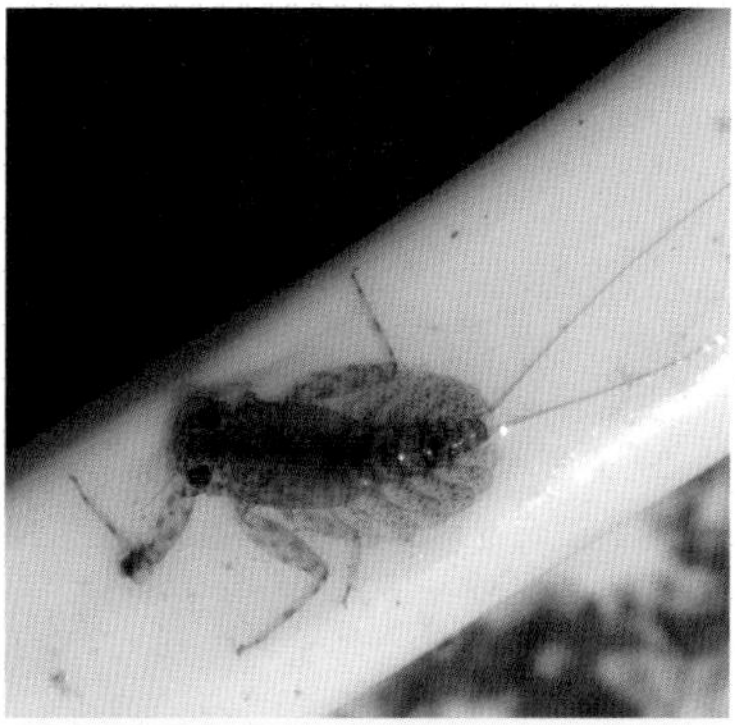

ヒラタカゲロウの仲間

このカゲロウの仲間は平べったい体型をしている。

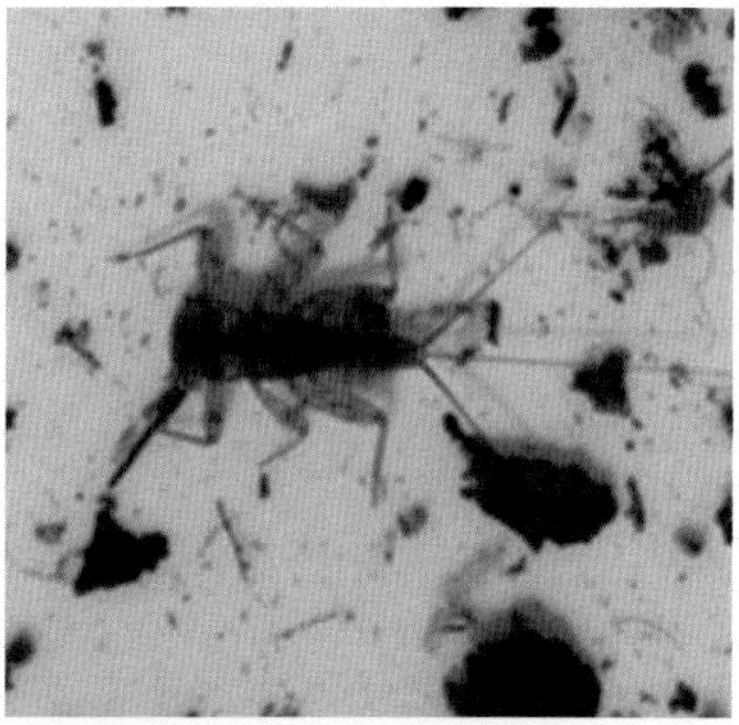

タニガワカゲロウの仲間

ヒラタカゲロウ科には多くの属が存在するがそのうちの一つで、主に渓流に生息する。

モンカゲロウの仲間

渓流に生息しているものは、ほとんどがフタスジモンカゲロウという種である。

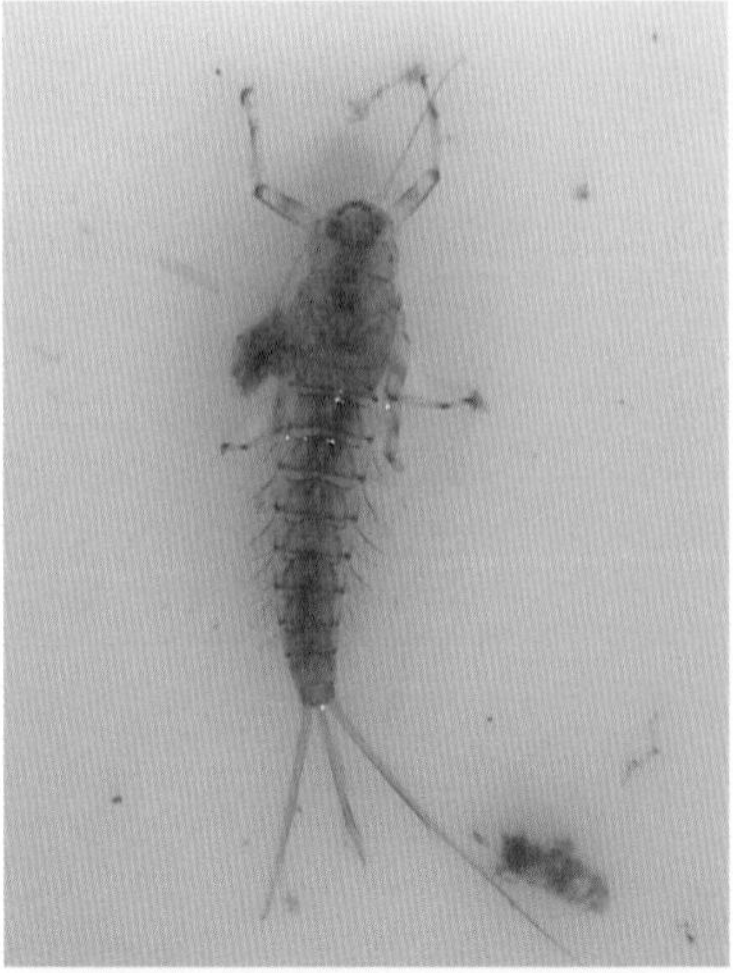

コカゲロウの仲間

泳ぎが得意で、川の底が攪乱されて生き物がいなくなっても、真っ先にやってくる。

チラカゲロウの仲間

前脚に長い毛が生えており、流れてきた小さなものをその毛でこし取って食べる。

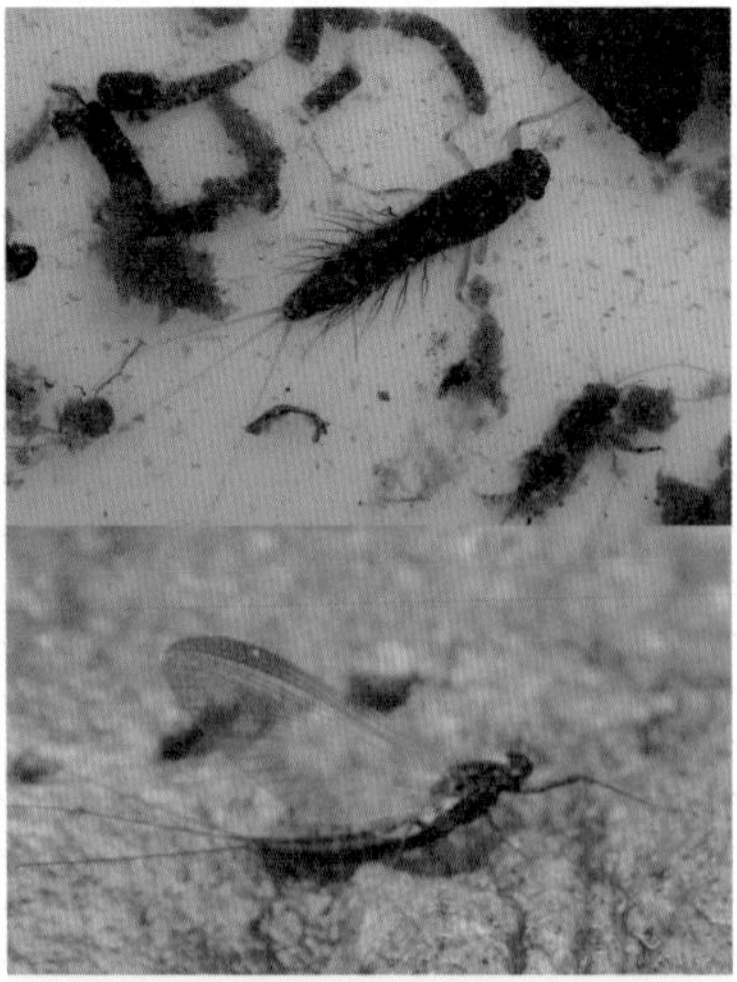

トビイロカゲロウの仲間

上：幼虫は落葉や小さな石が重なった隙間に生息している。

下：成虫。

マダラカゲロウの仲間

厚みのある丈夫な体をもっており、頭部や脚部にとげをもつものもいる。

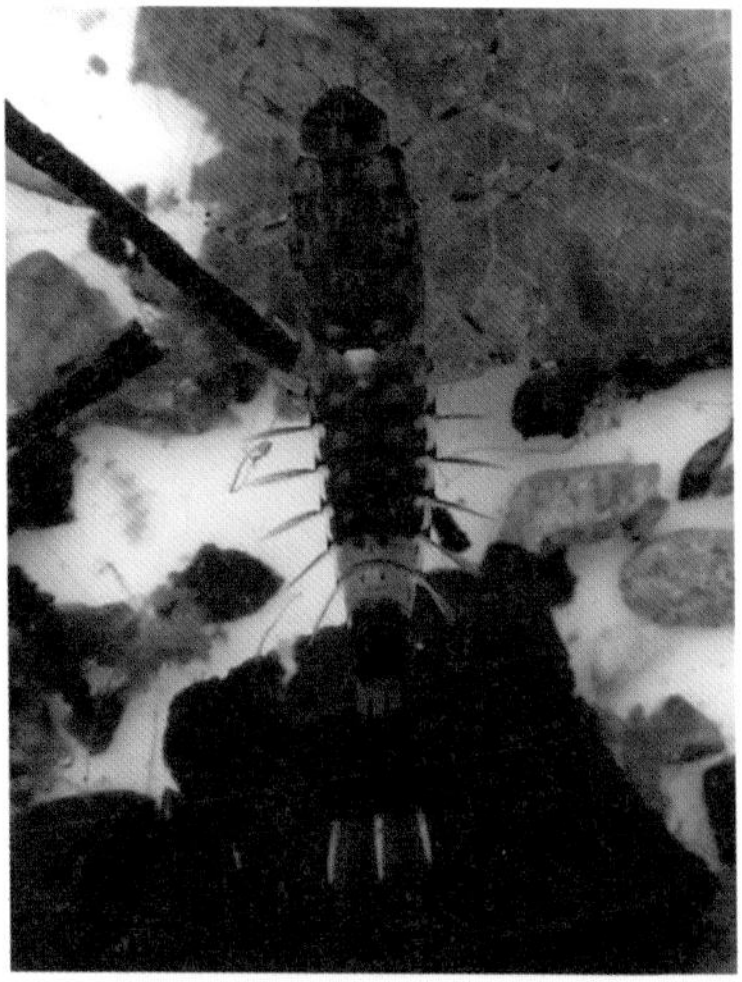

フタオカゲロウの仲間

泳ぎが得意。コカゲロウより、ずんぐりむっくりしている。

カワゲラ目

カワゲラの模式図

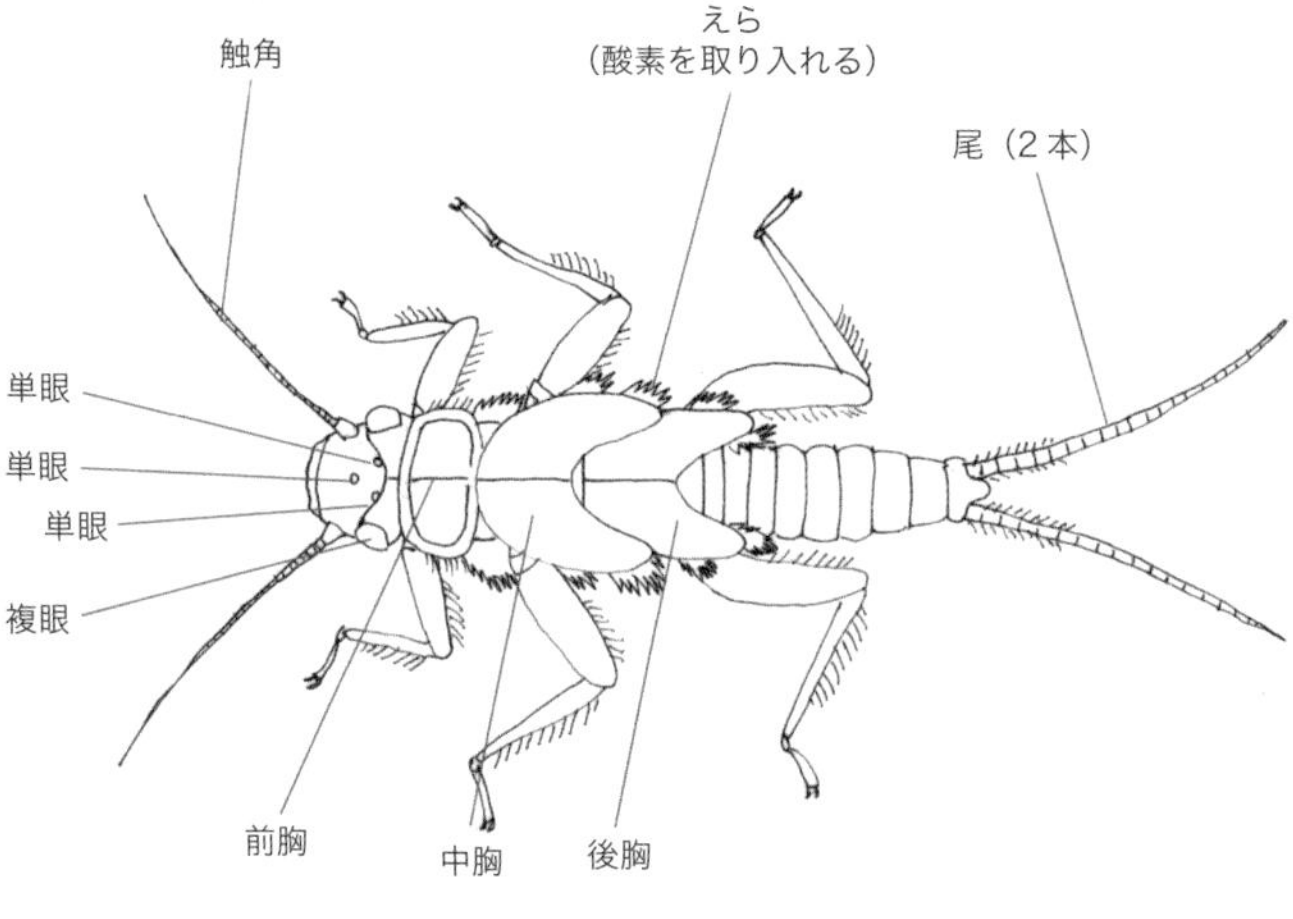

オオヤマカワゲラの仲間

カワゲラ科に属し、ゆっくり流れる瀬を好む捕食性のカワゲラ。石の間を這い回っている。

トウゴウカワゲラの仲間

カワゲラ科に属し、山地の渓流に生息する捕食性のカワゲラ。

カミムラカワゲラの仲間

カワゲラ科に属し、やや流れのある場所を好む捕食性のカワゲラ。

アミメカワゲラの仲間

上流から下流にかけて、流れがやや緩やかな場所で見つかる。

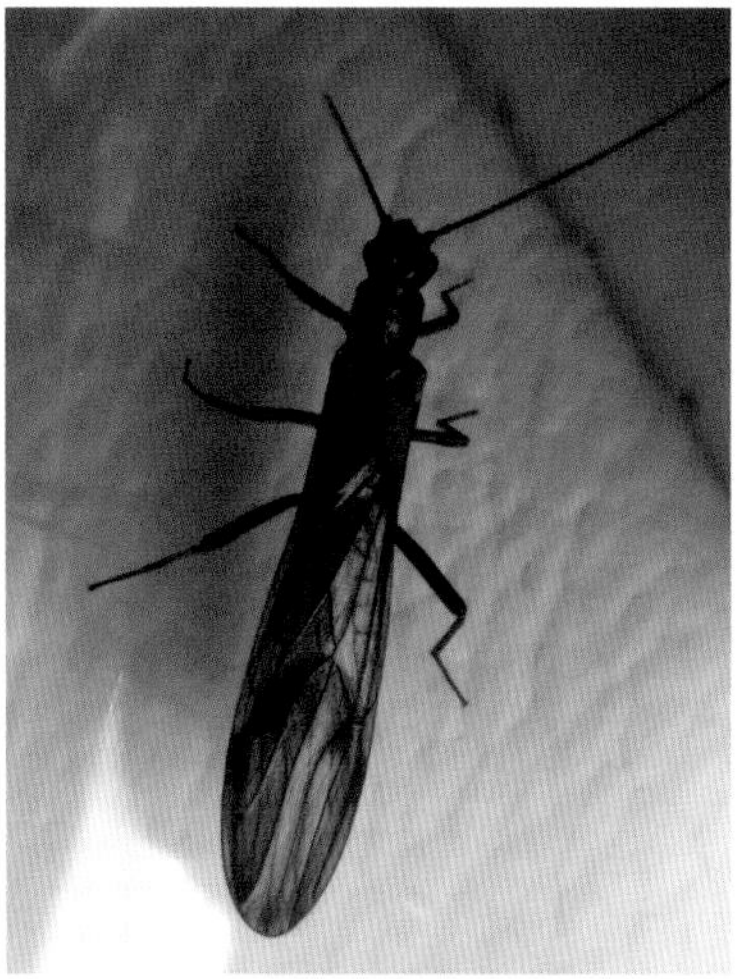

オナシカワゲラの仲間（成虫）

幼虫は落葉だまりに生息することが多い。４月ごろ羽化して成虫になる。

ミドリカワゲラの仲間

上：幼虫。　**下：**成虫。
幼虫は、砂地に生息する傾向がある。

トビケラ目

トビケラの模式図

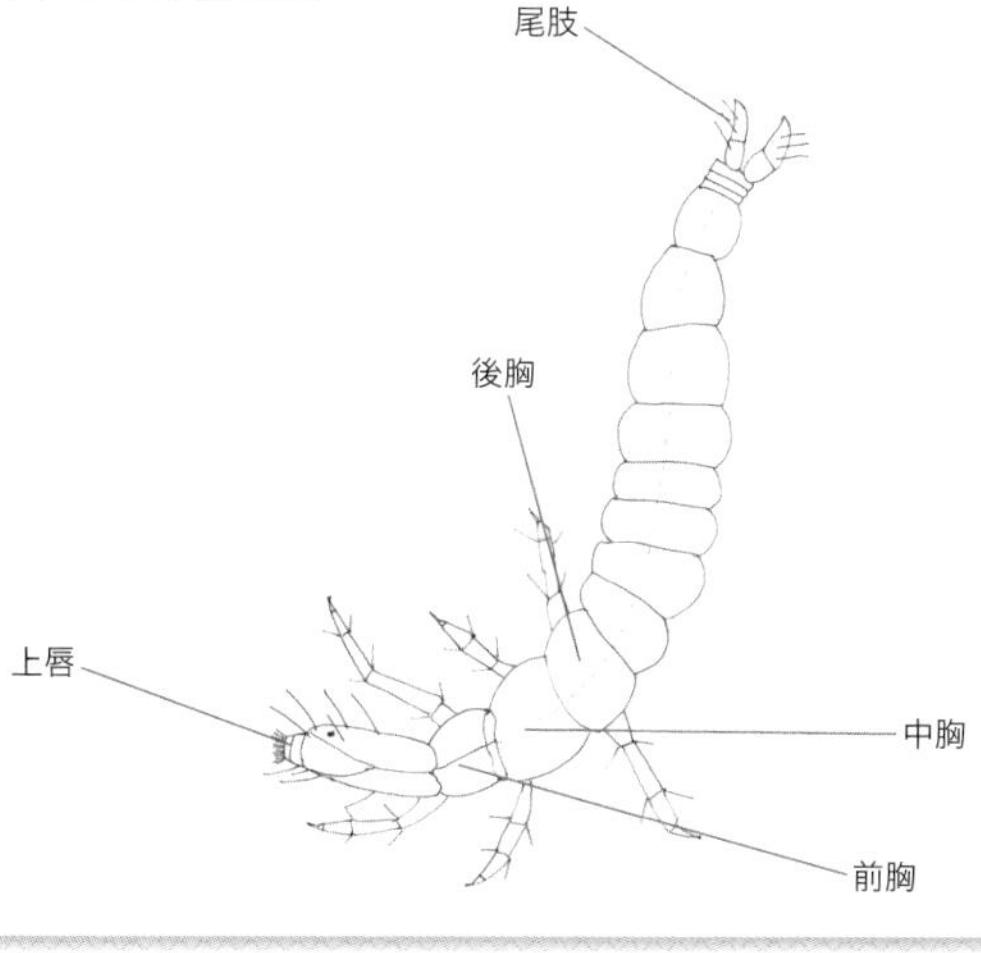

シマトビケラの仲間

石と石の間に網を張ってそこにひっかかった餌を食べている。

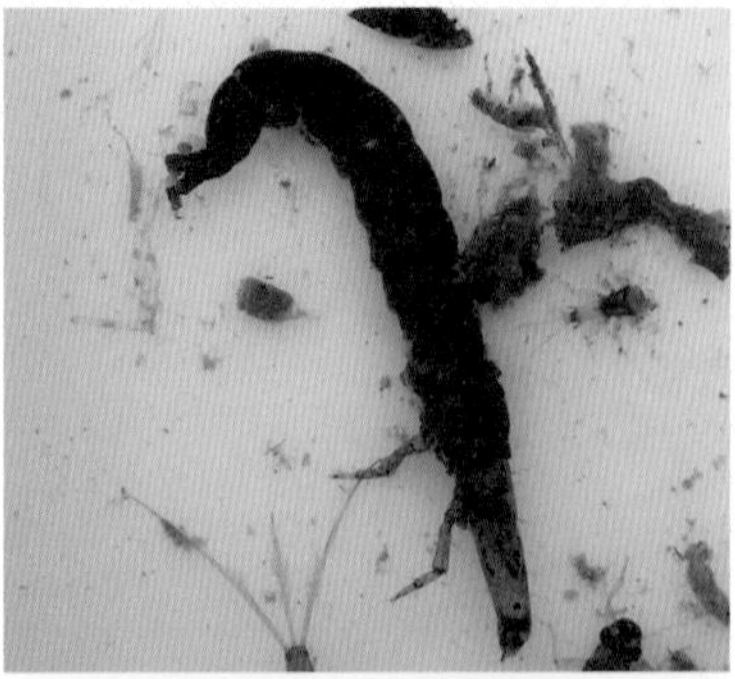

ヒゲナガカワトビケラの仲間

トビケラの中では一番大きい。

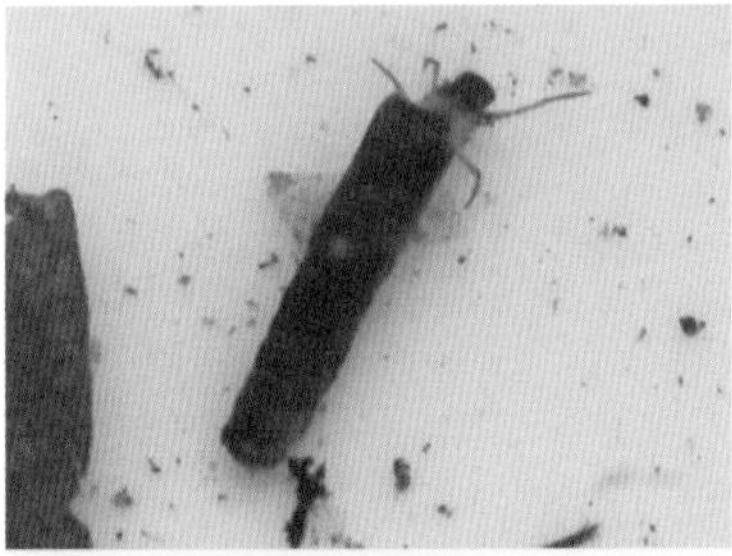

カクツツトビケラの仲間

落葉で巣をつくり、落葉だまりの中で生息する。

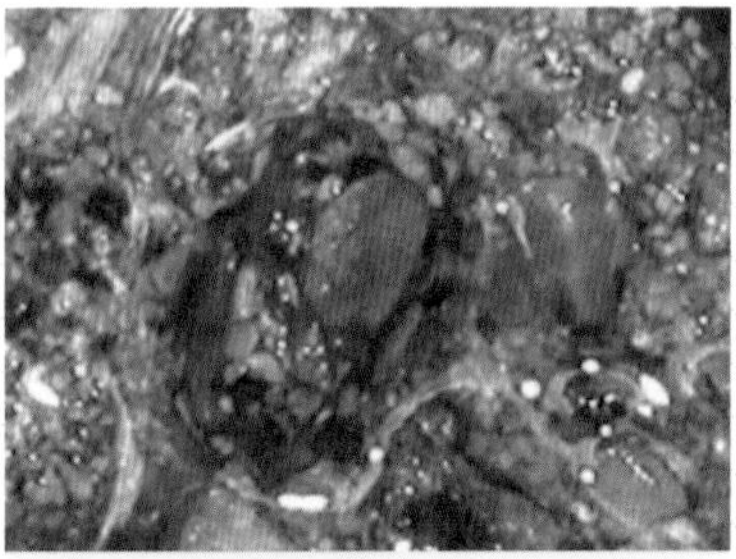

ヤマトビケラの仲間

流れが少し緩やかな石の上にいることが多い。小石で巣をつくっている。

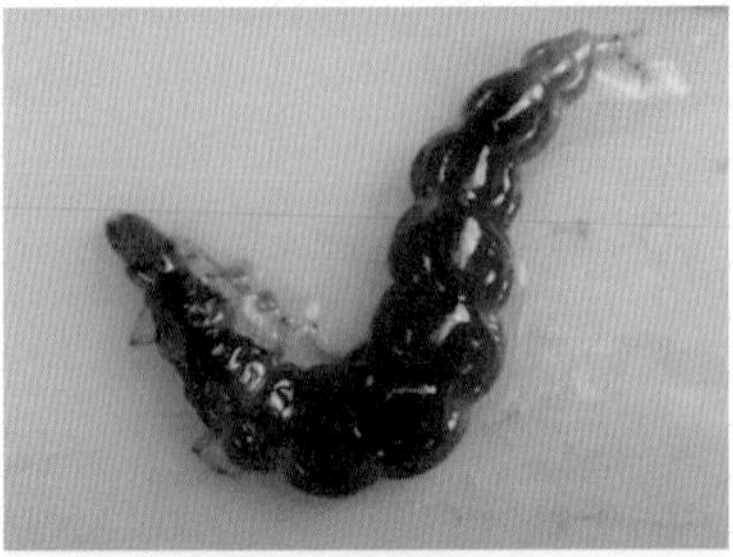

ナガレトビケラの仲間

流れの速いところや酸性河川にも生息できるものが多い。

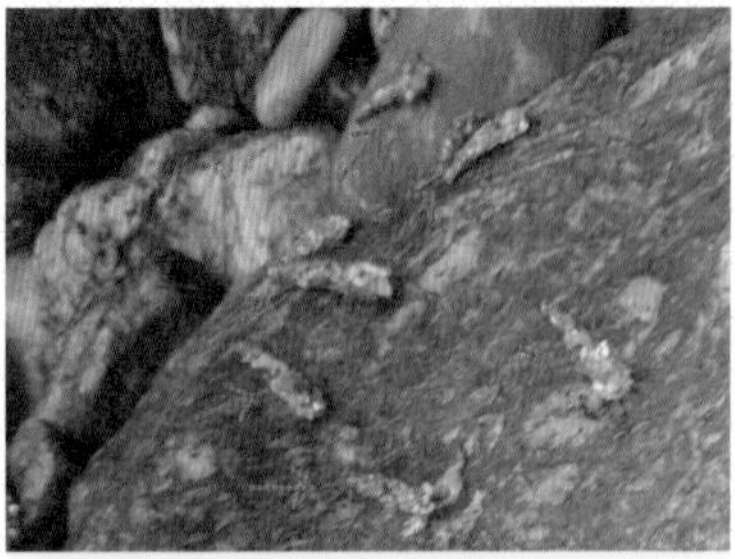

エグリトビケラの仲間

エグリトビケラ科には多くの属が存在する。

ニンギョウトビケラの仲間

エグリトビケラ科に属す。着物を着た人形のような形に見えるので、この名前がついた。幼虫はこの石の集まりの中にいる。

クロツツトビケラの仲間

エグリトビケラ科に属す。自ら紡ぎ出した絹を用いて黒い巣をつくっている。

ピンホールのついた落葉

菌糸体によってピンホールのついた落葉を、落葉を破砕して食べる底生動物が分解する。

ハエ目

ブユ科の模式図

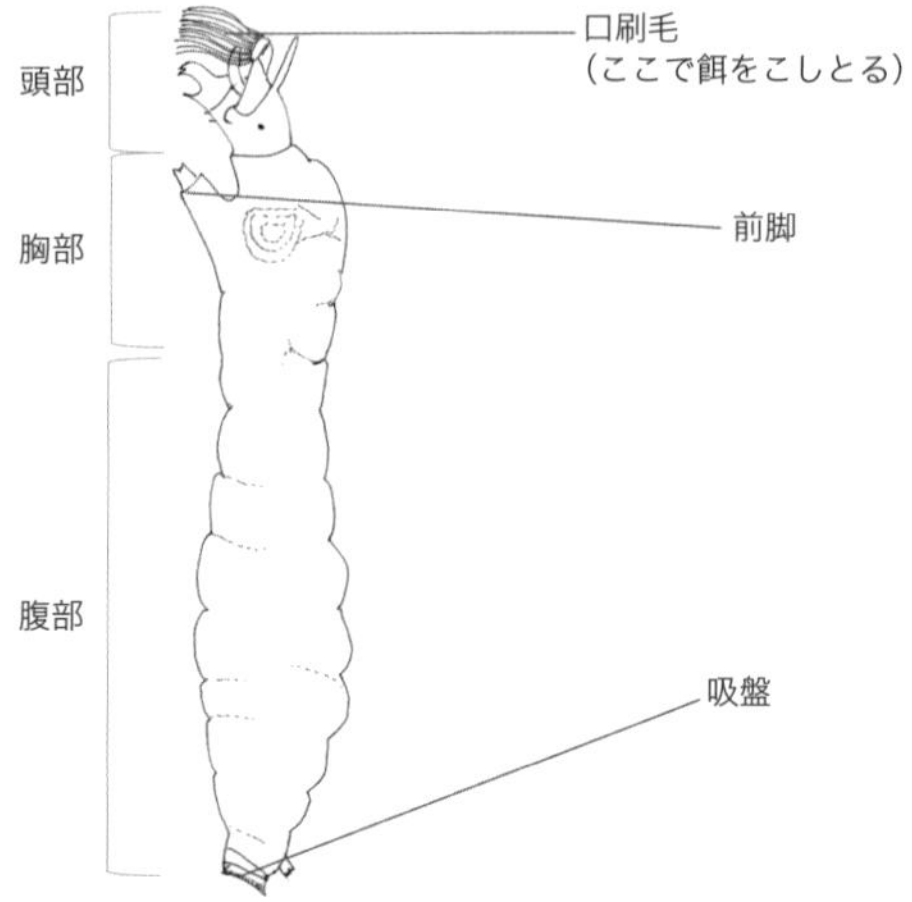

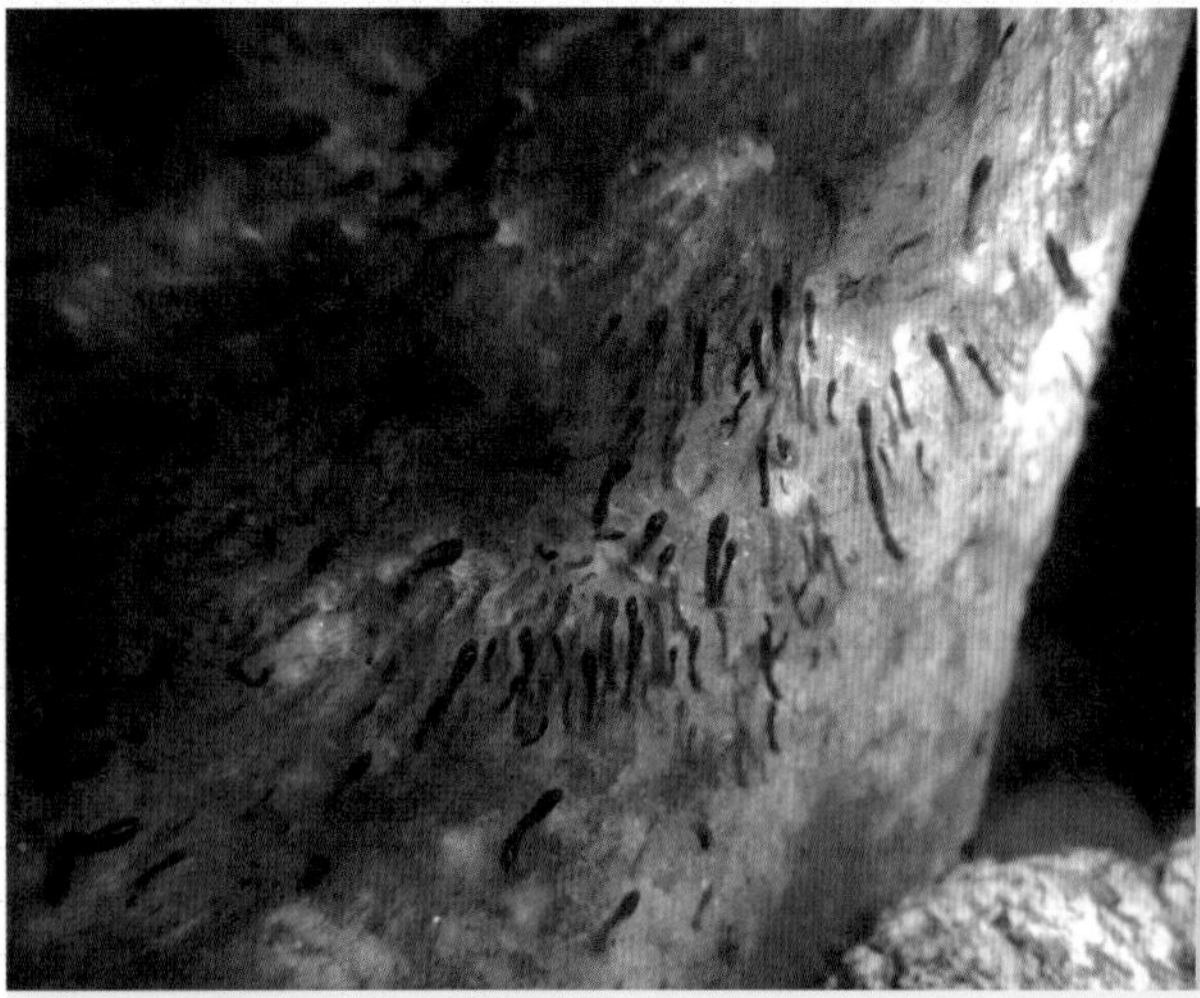

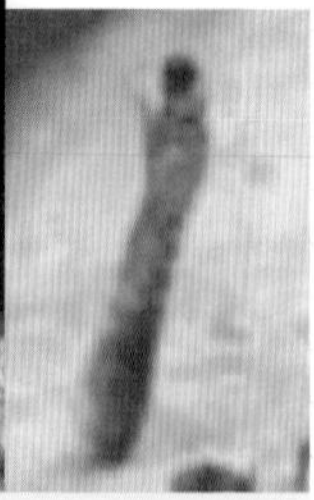

ブユの仲間

アシマダラブユは、渓流の流れの速いところに生息している。
左：集団、**右：**１個体。

アミカ科の仲間

おもに渓流に生息しており、腹部に存在する強力な吸盤で水底の岩や滝の壁面にはりついている。

ユスリカ科の模式図

川や池などあらゆる淡水域に生息している。成虫は蚊によく似ているが、刺すことはない。

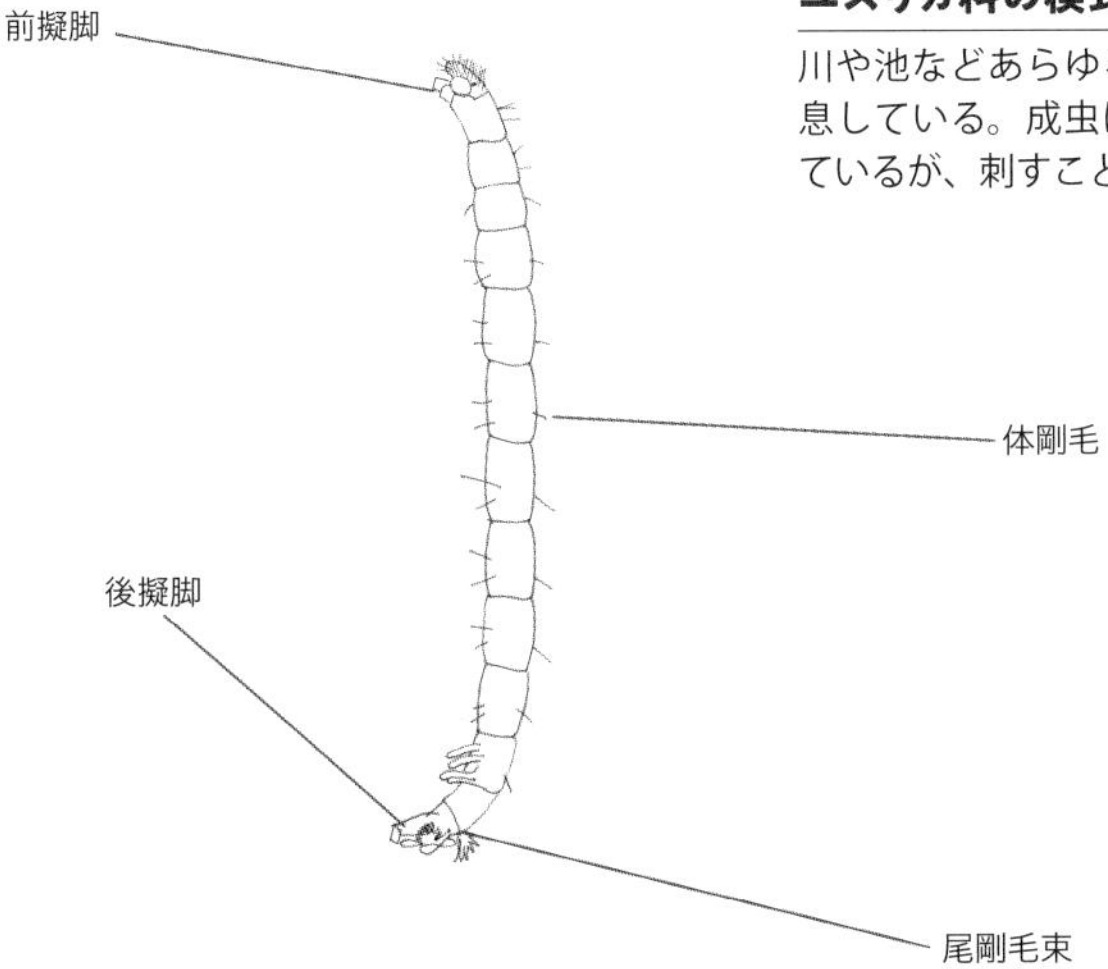

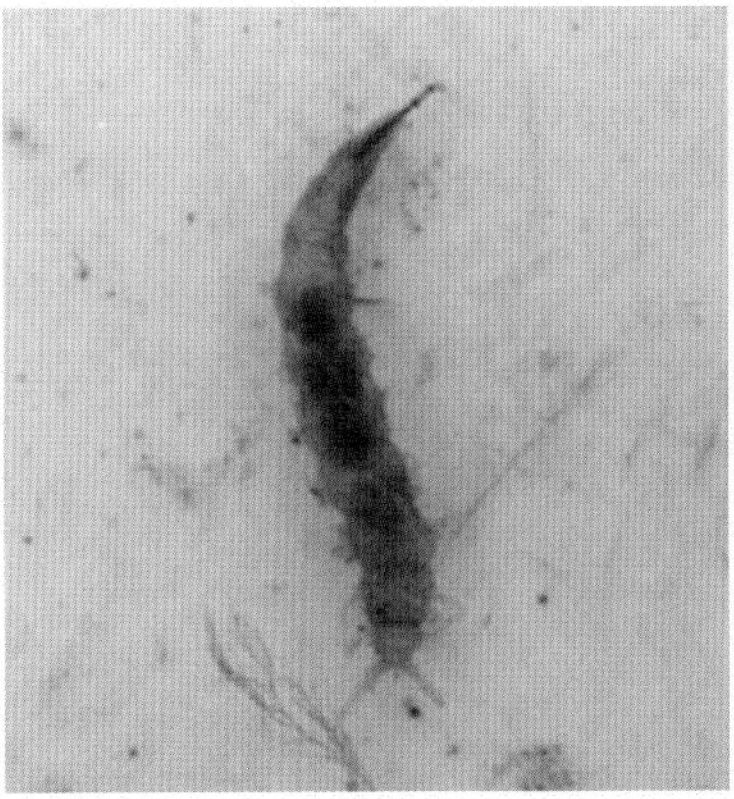

ナガレアブ科の仲間

アブに似ているが、腹脚（擬脚）や突起があり、アブとは別の分類群である。

ガガンボ科の模式図

成虫は見た目が蚊を大きくしたような虫だが、人を吸血することはない。

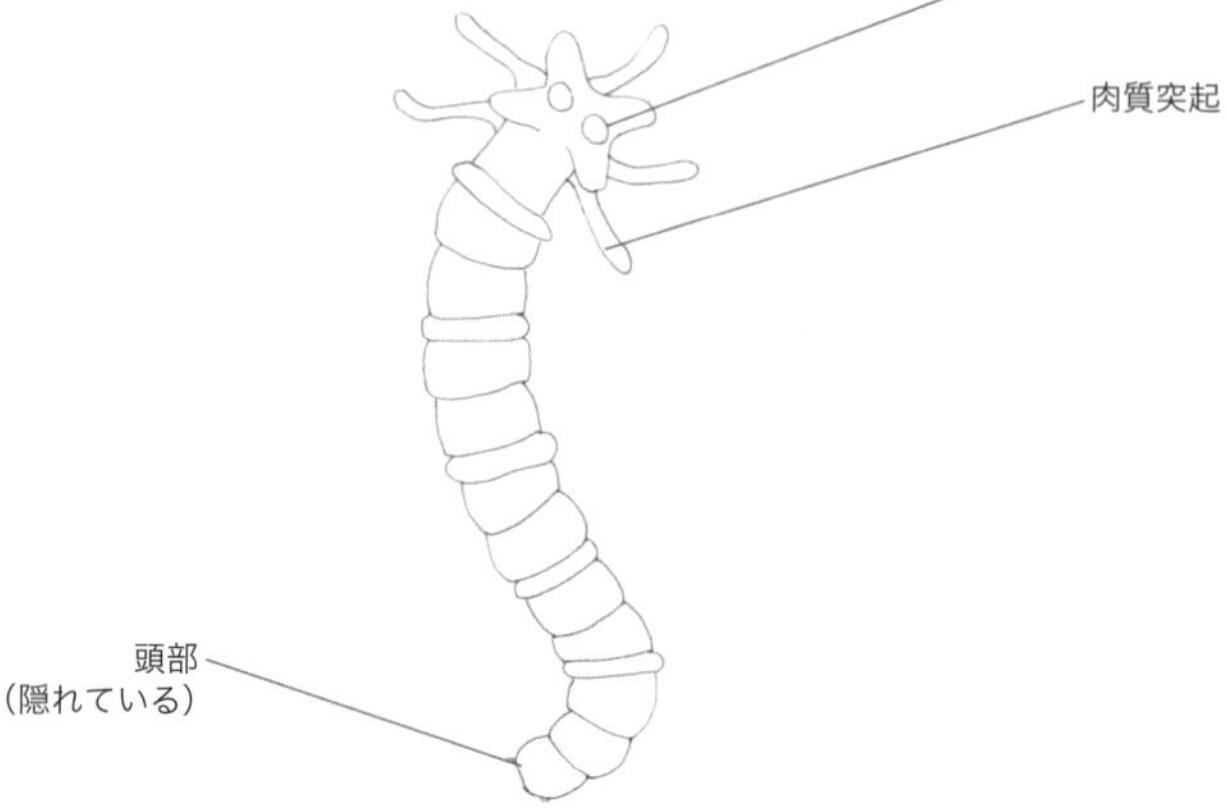

甲虫目

ヒメドロムシの仲間

川の底に生息しており、石や流木などにツメでつかまっている。

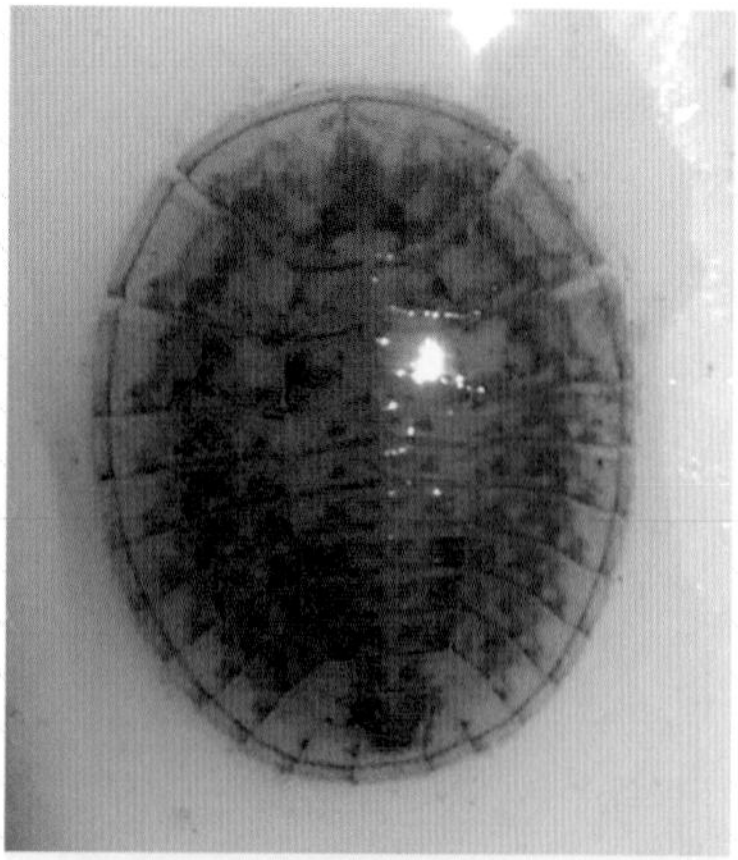

ヒラタドロムシの仲間

平らで小判のような形をしており、流れが緩やかな場所の石にくっついて生活している。

カメムシ目

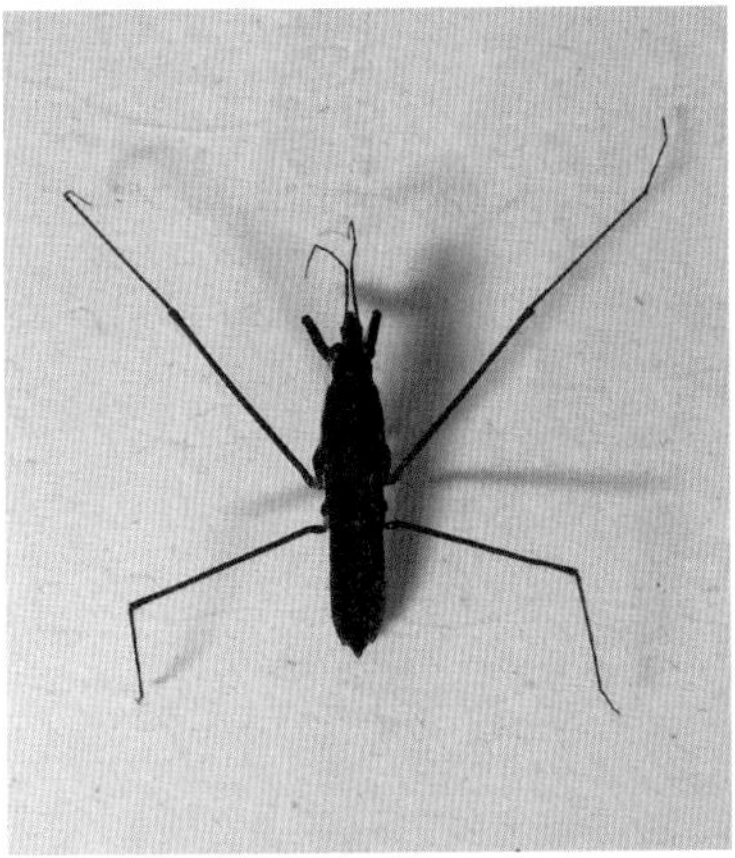

アメンボの仲間

足先の毛だけを水面につけて、毛が水をはじく表面張力を利用して水面に浮かんでいる。

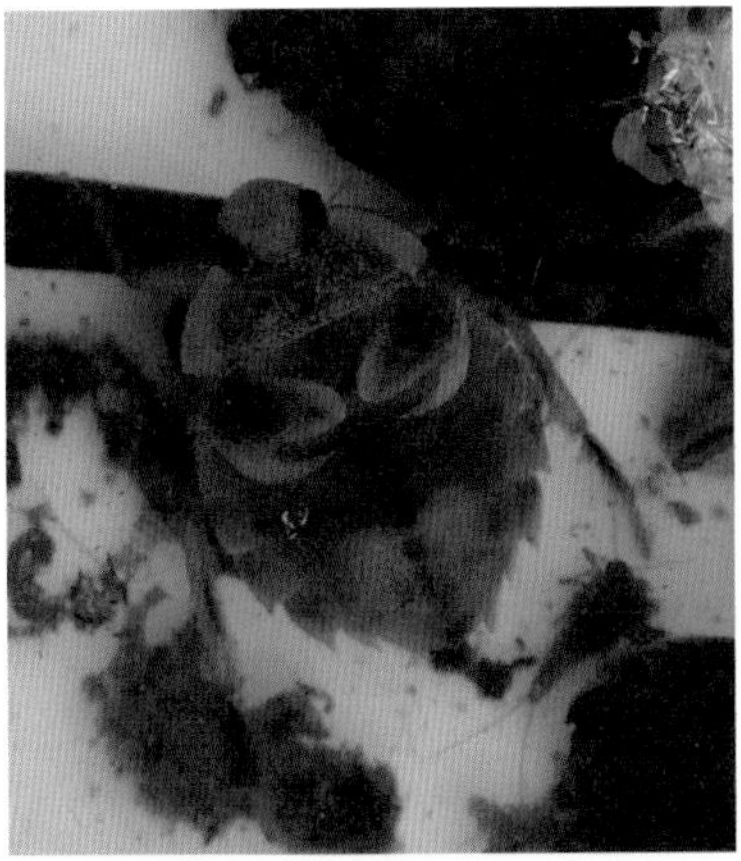

ナベブタムシの仲間

砂質河床の水のきれいな川に生息し、ほかの水生昆虫の幼虫などを捕らえて体液を吸う。

コマツモムシの仲間

湧水や流れこみのある場所を好み、少し深いところを背泳ぎして移動している。

カタビロアメンボの仲間

非常に小型で、池や川などの岸の近くにいることが多い。水面を歩いて移動できる。

ヘビトンボ目

ヘビトンボの仲間

渓流にすむ水生昆虫で、体は細長く、頭部は頑丈で、強い肉食性がある。

トンボ目

ムカシトンボ

日本の固有種。山間部の渓流域に生息し、幼虫の期間は５～７年。

コオニヤンマ

サナエトンボの仲間で、流れの緩い落葉だまりにいる。成虫になるまで２～４年かかる。

ミヤマカワトンボ

カワトンボの仲間で、山地渓流に生息する。茶色い翅と翅の先端近くの太い暗褐色の帯が特徴的。

ミヤマアカネ

ほかのアカネ属は止水性だが、この種の幼虫は水深が浅く緩やかな流水を好む。

ヤンマの仲間

相対的に長い腹部をもち、止水域に生息するものが多い。

水生昆虫以外の底生動物

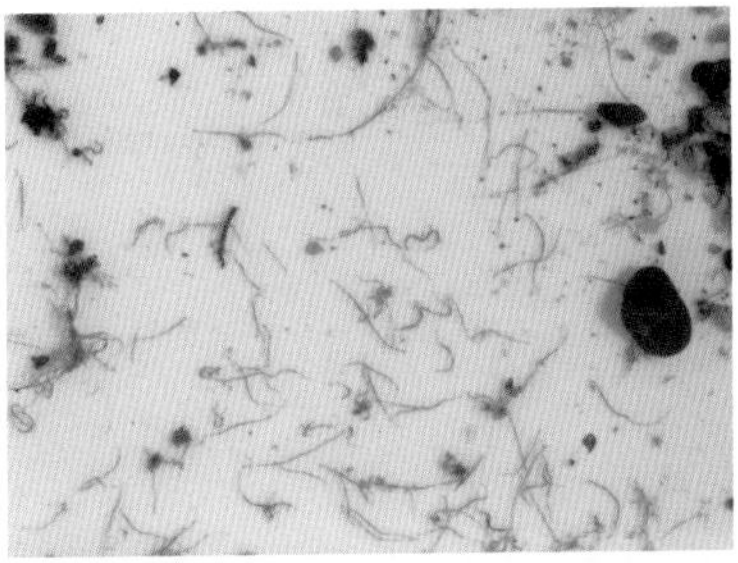

貧毛類

きれいでない川に多い。

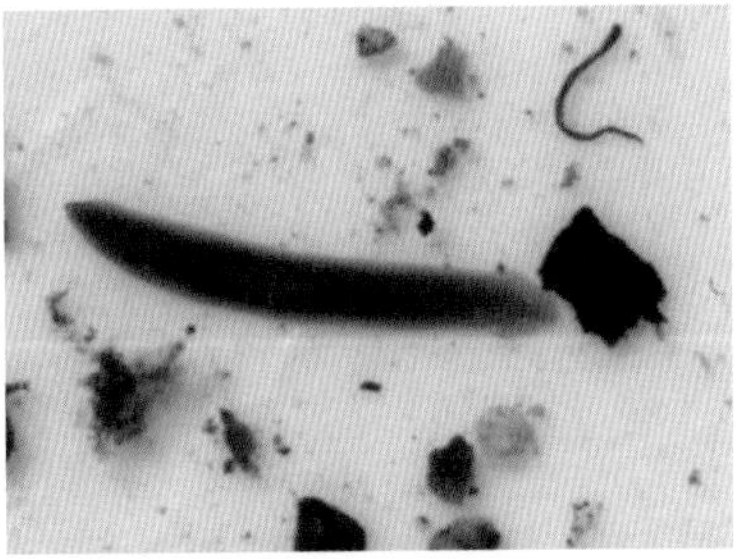

ウズムシの仲間

通称プラナリア。比較的水質のよい湧水や河川に生息している。

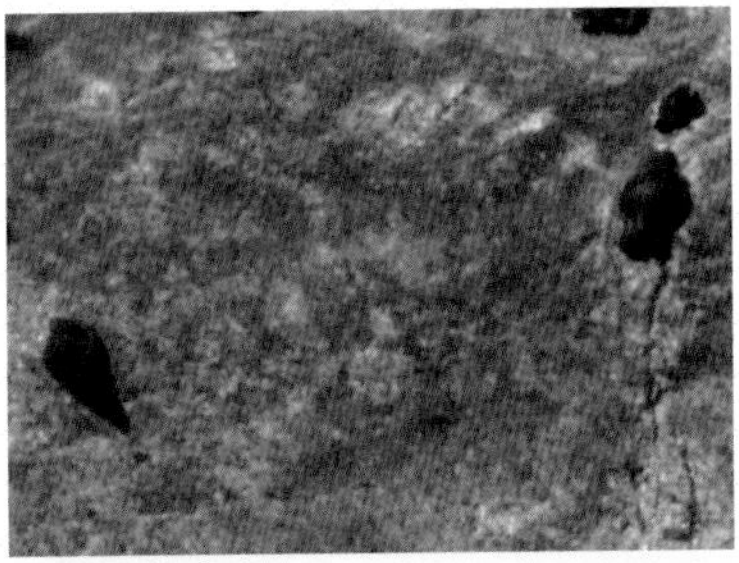

貝類の仲間

カワニナは細長い巻き貝で、水生ホタルの幼虫の餌になっている。

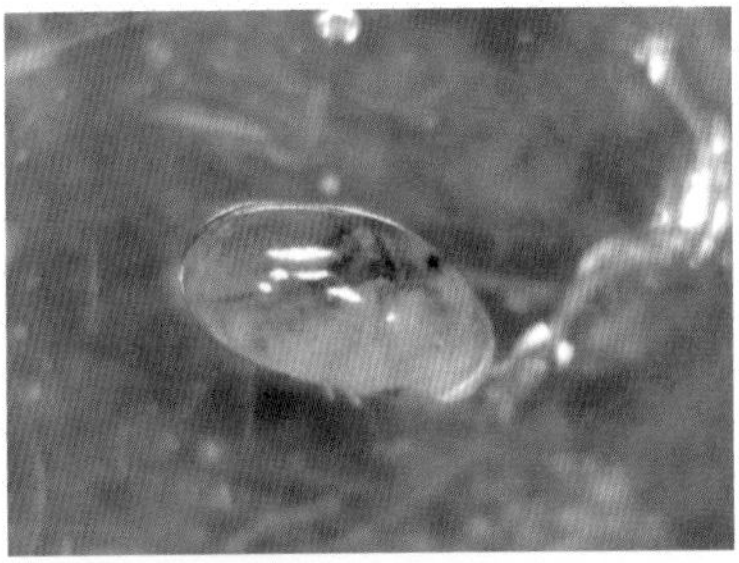

カイムシの仲間

ミジンコ類に形と大きさが似ている。カイミジンコともいわれる。

甲殻類

テナガエビ（スジエビ）の仲間

テナガエビ科は、熱帯から温帯の淡水域や汽水域に生息しているが、スジエビは淡水性。

サワガニ

日本固有種で、一生を淡水域で過ごす。寿命は数年～10年程度。

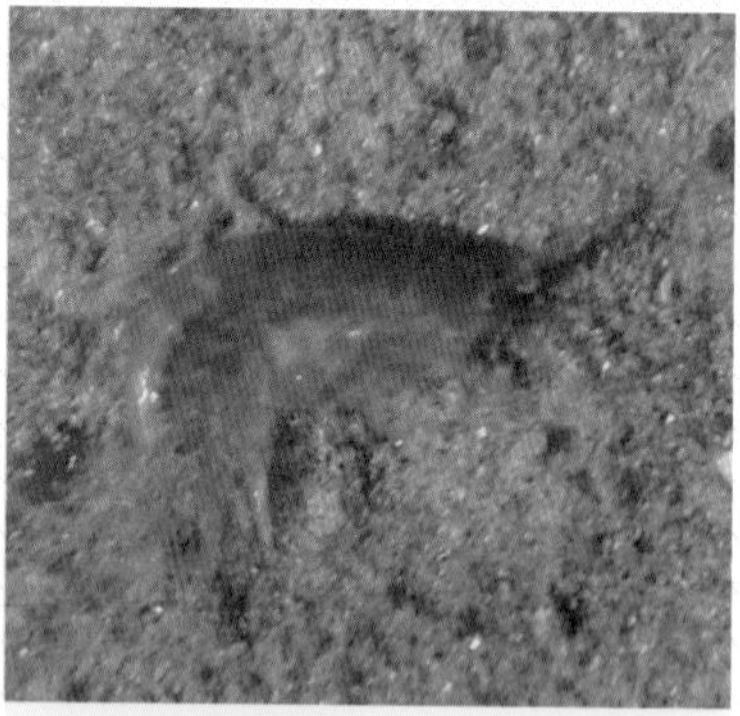

ヨコエビの仲間

名前に「エビ」とつくが、エビではない。海水、淡水、深海などさまざまな環境に生息しており、淡水産だけでも温帯や冷帯を中心に1,800種以上が見つかっている。

藻類

藻類

淡水や海水などの水圏に生息しているものが多い。石などに付着したものは付着藻類と呼ばれる。

珪藻類

珪藻はpH1～2の強酸性の温泉から、マガディ湖のようなpH11の強アルカリ湖にまで広く分布する。

渓流においては、石などに固着して存在する。

珪藻がたくさんついた石

石の上部の茶色くなった部分が珪藻。

脊椎動物

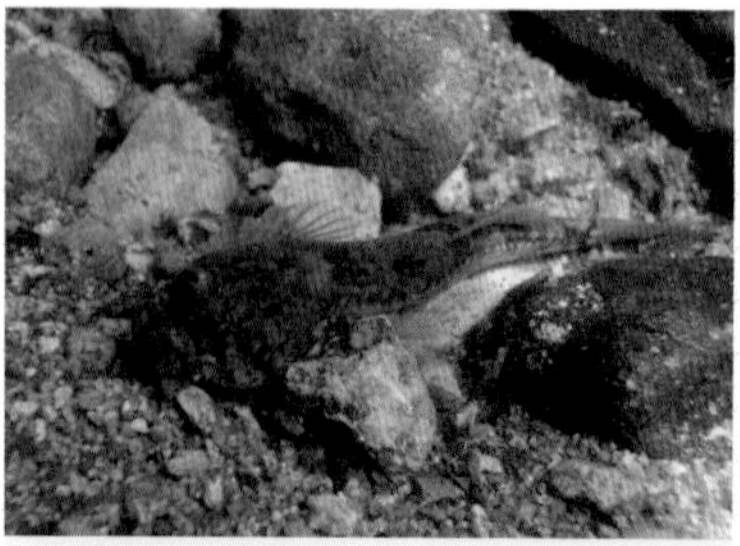

カジカ

礫の多い川底を好み、水生昆虫やアユの稚魚などを食べる。体色は地域によって大きく異なる。

イワナ

肉食性で、水生昆虫、ほかの魚、落下昆虫、カエル、サンショウウオなどを食べる。寿命は6年程度だが、人為的な飼育環境下では30年ほど生きるものもいる。

カエルの仲間

カジカガエルは山地にある渓流や湖、その周辺にある森林などに生息する。動物食で、昆虫、クモなどを食べるが、幼生は藻類を食べる。

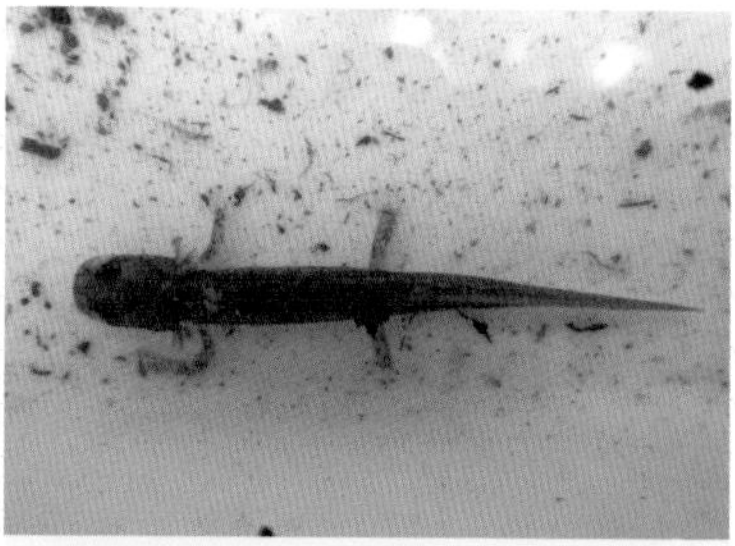

サンショウウオ

幼生は、渓流中の水生昆虫などを食べて成長する。えら呼吸から肺呼吸に変わると、森林の落葉の下、川近くの石の下などに生息することが多い。オオサンショウウオだけがほとんど水の中で生活する。

生き物の大きさについて

渓流に生息する水生昆虫の大きさは、終齢幼虫でも2mm程度から5cm程度まで、種によって大きく異なっている。同じ科に属し、見た目は同じような形態をもつものであっても、2～3cm程度異なるものもいる。水生昆虫以外の底生動物となると、体長10cm以上の細長い生き物や1mm以下の生き物も存在する。

流されて生きる生き物たちの生存戦略

驚きの渓流生態系

吉村真由美［著］

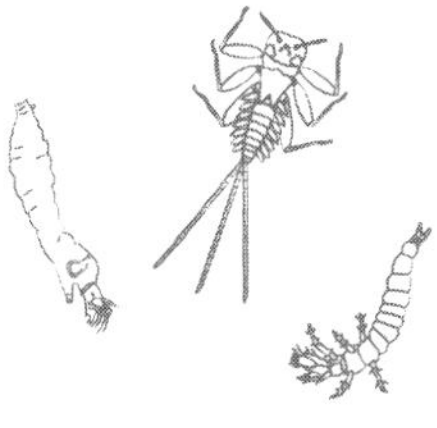

築地書館

はじめに

日本列島の七割は山地であり、山と谷から成り立っている。谷には水が流れている。人口の九割が住む平野に水を供給しているのも、もとをたどれば渓流である。本書では谷（渓流）の成り立ちと、そこでどういう生き物たちが暮らしているのか、人間の生活とどうかかわっているのかをひもといていきたい。

渓流や川に一度は行ったことがあるだろう。そこではどのようなことを感じただろうか。水の流れが聞こえたり木々の色に癒やされたりしただけではなく、いろんな生き物がいることに気づいた人もいることだろう。

渓流の水はきれいなため、魚影がないと、生き物がほとんど棲んでいないという印象を受けてしまう。でも、水の流れのそばまで行って、水の中から石を拾い上げてひっくり返すと、ヒラタカゲロウなどの多くの生き物（底生動物）が石の裏にいっぱいくっついていることに気づくことができる。水の流れの中に網を入れると、小さな生き物をたくさん採集することができる。また、網を渓流の中に設置しておくと、夜中に移動してきた多くの生き物を一晩で集めることができる。このように、水がきれいで生き物など何もいないように見える渓流の中には、じつはたくさんの生き物が生息しているのだ。

川底に人工的なレンガをいくつか設置してみると、数日もたたないうちに、近くに生息していた生き物がやってくる。そして、そこが彼らの新しい生息地となり、定着するようになる。

川では、一年に数回洪水が起こっている。洪水が起こると、ふだんは動かない大きな石がゴロゴロ動く。生き物たちは攪乱《かくらん》の影響が少ない場所に避難していく。でも、ある一定期間が過ぎ、川が落ち着くと、生き物たちは戻ってきて群集が回復していくのだ。

渓流には、渓畔林から落葉がもたらされている。その落葉では菌類がコロニーを形成している。河床にある石では、太陽のエネルギーを受けて藻類が繁茂している。菌類が育った落葉や石の上の藻類は、渓流で生きている底生動物たちの餌になる。

このように、渓流では、多くの生き物によるさまざまな活動が営まれている。それぞれの生き物が多様な生き方をしていく中で、お互いに関係し合いながら生き物たちの壮大なドラマが繰り広げられている。この本では、この壮大なドラマの一端を紹介したいと思う。

目次

渓流の水質を決めるもの　50

川の生き物たちのさまざまな生息地　61

第2章　流水をいなして生きる生き物たち　84

第3章　流水に適応する

第4章　生き物どうしの関係

第5章 渓流域における落葉の重要性

【付録】

第1章 **水の循環と河川**

地球は人間の時間単位から見れば、動きがないように見える。でも、火山活動や大陸移動などが四〇億年の歴史をもつ地球の時間単位で行われており、地球は動いている。地球が動くたびに地質に変化が生じ、堆積作用などを引き起こす。地球規模の活動が地球規模の時間単位でさまざまな場所で起こっているのだ。

堆積作用によって、土砂などは年月が経つと堆積岩になる。しかし、雨や風などにより侵食され、柔らかい部分が削られ、地形が形成され、水の流れる道が形成されていく。また、地球の活動は場所によって異なっていることから、水の流れる道もその地域オリジナルのパターンになっていく。つまり、川が流れているということは、その風景が地球規模のさまざまな過程を経てつくられたということを意味している。川を見たときに、悠久の地球を想像してみると、とても豊かな気持ちになるのではないだろうか。

川の流れを追う

川は非常に長い年月をかけて形成されている。そして常に変化している。流路が形成される過程で、断続的に岸を侵食しているため、一日として同じ状態の川はない。つまり、川の大きな特徴は、寿命が長いということでもある。

川には数多くのさまざまな生き物が生息している。個々の生き物はそれぞれ独自の生き方をしており、全体として見ると、生き物は川のにぎわいに彩りを添えているともいえる。また、地球上にある多くの川は、何らかの形で人間活動の影響を受けている。影響を受けていない自然のままの川はほとんどないと考えてよい。第1章では、そんな川の基本的なつくりについてお話しする。

川の誕生――渓流から河川へ

川は、上流から下流に向かって流れている。山岳地帯にある湧水などから水が流れ出して細流になる(図1-1)、というのが典型的な川のでき方だ。これらの細流が合流して、速い流れも見られる渓流へと変化し、さらにほかの渓流と合流して、川幅が大きく深くゆったり流れる河川となり、ゆるやかな蛇行を続けながら低地を通って海へと流れていく。このような上流から下流への川の流れを流程という。

川幅や岸の状態・川の勾配も、上流から下流に行くにしたがって大きく変化し、川幅は広くなり、渓

図 1-1　地下水から地上に出てきた渓流水

図 1-2　渓流と陸地の境界がはっきりしている源流部（高知県黒尊川）

図 1-3　川と陸地の境界が変化しやすい下流部（高知県四万十川）

図 1-4　川の下流（滋賀県野洲川）

畔林など川岸にある樹木の渓流への直接的な影響も減っていく。源流域では、渓流と陸地との境界が比較的はっきりしていて変化しにくいのに対し（図1-2）、下流に進むにつれて渓流と陸地の境界はぼやけ、変化しやすくなっていく（図1-3）。季節的に水位が変化するような河川では、その境界がさらに曖昧になる。上流では、川の勾配が急で流量も少ないため、天候によって流れの状態が変化しやすいが、その変化の予想はたてやすい。しかし、下流では、川の勾配が小さく、もともとの水量も多いため、流れの状態が変化しにくく、天候による変化を予測するのが難しい（図1-4）。このような物理的・化学的な流程の変化は、生き物の呼吸や繁殖などの生理的な側面や個体数・種数・群集構造などの生態的な側面に大きな影響を及ぼしている。

川を数える

雨が降ったあと、地表に到達した雨は、地面にしみこんでいくものもあれば地表を流れていくものもある。地表を流れていく雨は徐々に地面を削っていくのだが、相対的に地盤の弱い部分が特に削られ、そこに雨が集まるようになり、それによってさらにその部分が削られていく。ある程度の深さまで削られると、そこには細流が徐々に形成されていく。

水の流れが始まったばかりの、ほかの細流が合流する前の川のことを源流、一次河川という。一次河川どうしが合流したものが二次河川、一次河川と二次河川が合流しても二次河川といい二つの二次河川が合流すると三次河川となる。この一次、二次、三次……を次数といい、川の次数は、同じランクの二つの川が合流したときにのみ増える（図1－5）。例えば、アマゾン川河口の次数は一二次になるが、大阪を流れる淀川の次数は五次となる。川をこのように分類すると、一つの流域内での時間による変化や空間情報を分析しやすくなる。

地球上には数多くの川が存在するが、大河川は少ない。大河川つまり次数の大きい川ほど本数は少ないのである。川の長さや流域面積と次数との間には正の関係が見られる。次数の大きい川になればなるほど、その川の全長は長くなり、流域面積も広いということになる。しかし、流域の規模は川によって異なるので、流域面積など流域どうしを比較する際には注意が必要になる。

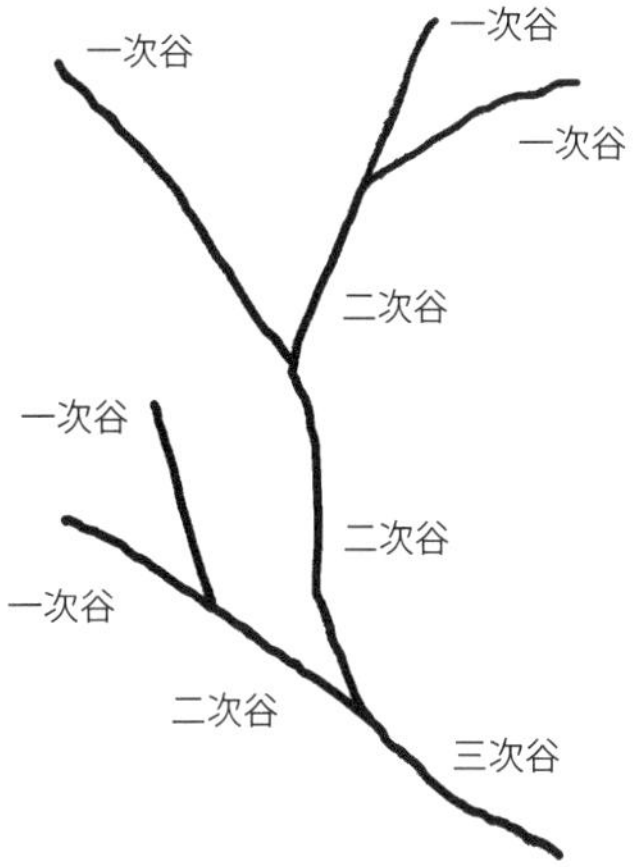

図 1-5　一次谷、二次谷の概念図
次数とは流域内にある川の状態の数え方である。水の流れが始まったばかりの、ほかの細流が合流する前の川のことを一次谷、一次谷どうしが合流したものを二次谷という。

瀬と淵

渓流は、通常、直線的に流れていることはなく、蛇行しながら流れている。その蛇行は、ゆっくり徐々に曲がっていることもあれば、鋭く鋭角状に曲がっていることもある。渓流の構造は、その曲がり方によって大きく変わる。この、曲がるまでの区間（助走区間）から曲がった後のそのまま流れる区間（惰性区間）までの間を「蛇行区

図 1-6　流れの蛇行が生む渓流の構造、瀬と淵
上：瀬。連続的に瀬が見られる（茨城県茂宮川）。
中：淵。ほとんど流れの見られない淵が形成されている（茨城県茂宮川）。
下：小さな滝（右端）がある Step 構造（高知県黒尊川）。

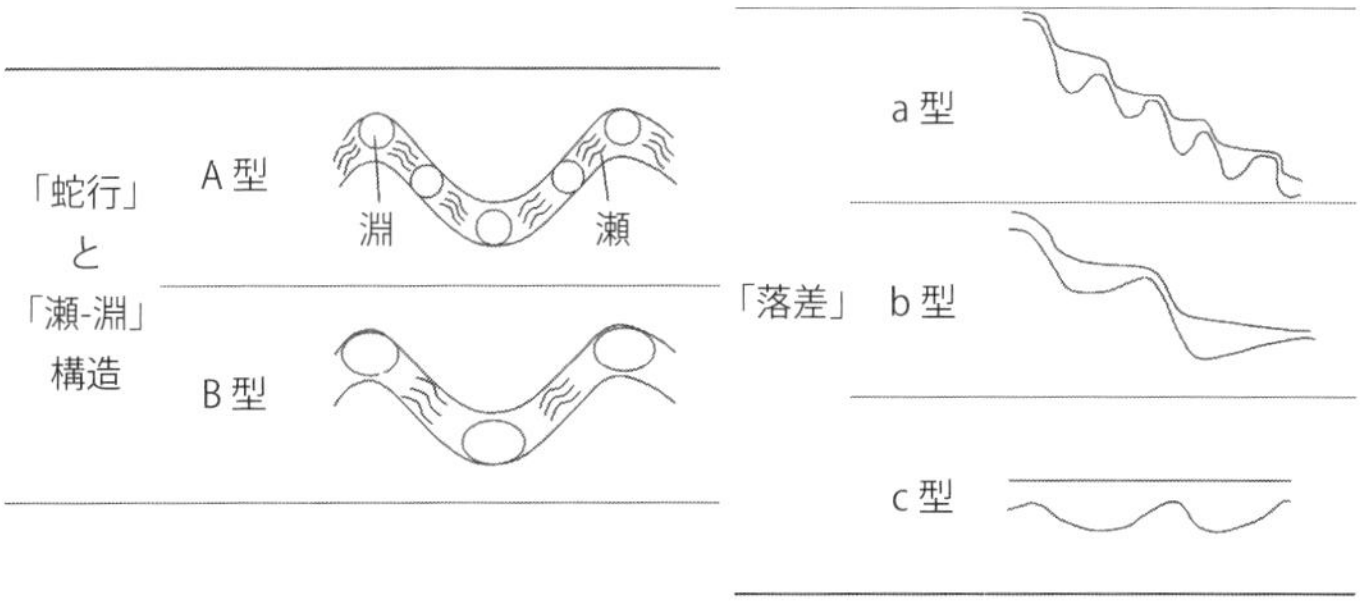

（可児　1944）

図1-7　瀬と淵・落差
川が蛇行することによって「瀬-淵構造」ができる。流れの勾配が大きいと、小さな滝が瀬と淵の間に加わって、瀬から小さな淵へ流れこむ「Step構造」になる。

間」という。水の流れる方向が変わると、多くの場合、流速にも変化が生じ、水の流れで削られやすい場所は、継続的に削られ続けることになる。削られることによって土砂が生成され、河床に堆積していくのだが、この堆積物は、水の流れによって、流れの遅い場所や下流域に堆積する。

このように、川が蛇行しているということは、水や堆積物が動いているということになる。

そして、このような動きが継続的に生じることによって、水深が比較的浅く、水の流れが速く、川底の石の大きさが粗い「瀬」と、水深が比較的深く、水の流れが遅く、川底の石が砂のように細かい「淵」が形成される。これを一般に、「瀬-淵構造」という。流れの勾配が大きいと、小さな滝が瀬と淵の間に加わり、瀬から小さな淵へ流れこむ「Step構造」になることが多い（図1-6、図1-7）。

一般的に、渓流は、一つの蛇行区間の中に複数の瀬-

表 1-1　瀬と淵に生息する水生昆虫の６つの生活型

瀬	造網型	幼虫自身が分泌する絹糸を用いて石の間に固着性の捕獲網を張る	ヒゲナガカワトビケラ科、シマトビケラ科
	固着型	吸着器官で岩や流木に固着し、あまり移動しない	アミカ科、ブユ科など
	匍匐型	石面や礫面を這って移動	カワゲラ科、ヒラタカゲロウ科など
淵	携巣型	筒形の巣を持ちながら石の上などを移動	カクツツトビケラ科、ヤマトビケラ科など
	遊泳型	主に泳いで移動	チラカゲロウ科、コカゲロウ科など
	掘潜型	砂や泥の中にもぐって生活する	モンカゲロウ科、ユスリカ科など

淵構造が存在している。一つの蛇行区間の長さは、渓流の幅などによって異なるが、多くの場合、渓流の幅の五〜七倍になっている。

このようにしてできた瀬と淵には、それぞれ特徴のある生活型をもつ水生昆虫が生息している。瀬には造網型・固着型・匍匐《ほふく》型、淵には携巣型・遊泳型・掘潜《くっせん》型といわれる水生昆虫が多い（表1-1）。シマトビケラやヒゲナガカワトビケラなど幼虫自身が分泌する絹糸を用いて石の間に固着性の捕獲網を張る水生昆虫を造網型（第3章参照）、ブユやアミカなど吸着器官などで石にくっつき、あまり移動しないものを固着型、カワゲラやヒラタカゲロウなどに代表される、石の上を這って移動するものを匍匐型という。筒形の巣を持ちながら移動するものは携巣型で、多くのトビケラ類がこれにあてはまる。おもに泳いで移動するものは遊泳型で、コカゲロウなど。砂や泥の中にもぐって生活するものは掘潜型で、ユスリカやモンカゲロウなどが

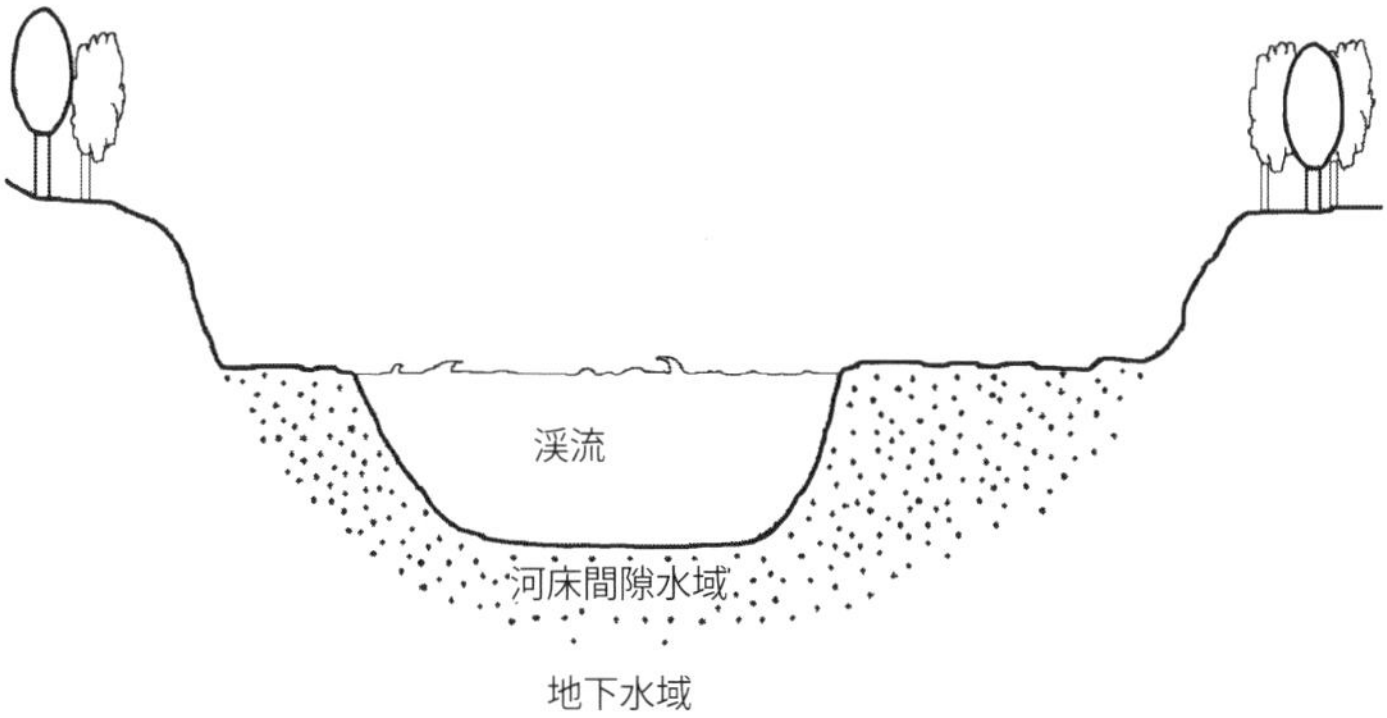

図 1-8　河床間隙水域（hyporheic zone）
渓流の河床の下に広がっている。攪乱などによって多くの土砂が流れこみ渓流自体に水が流れなくなっても、このエリアには水が存在していることが多い。

いる。

このように、渓流はいつも同じ状態ではなく、水の流れ・河床の石（砂）の大きさ・川岸の状態など、さまざまな影響を受けて時々刻々と変わっている。そして、その変化が、渓流内に生息している生き物の活動にも影響を及ぼしているのである。

隠れた水域、河床間隙水域

森林に雨が降った場合でも、草原に雨が降った場合でも、雨はしばらくすると土壌にしみこみ、遅かれ早かれ渓流に流れこんで、渓流水の一部となっていく。渓流の水量は、基本的には雨に依存しているため、天候や季節によって大きく変動し、不規則で不安定である。そのため、流れのパターン自体が季節によって異なる渓流も存在する。

渓流の水量が不規則に変化するため、渓流に生息している生き物の多様性は高くなる傾向にある。下流河川でも、流れのパターンが変化に富んでいれば、生き物の多様性は高くなる。しかし、上流にダムがあると、ダムの下流にある河川の水量は年間を通してほぼ一定となり、流れのパターンは変化しない。そのため生き物の多様性も低くなる傾向にある。

また、渓流の河床の下には河床間隙水域（hyporheic zone）（図1-8）といわれるエリアが広がっている。なお、伏流水は、このエリアの渓流に近い部分を指すことが多い。攪乱などによって多くの土砂が流れこみ、渓流自体に水が流れなくなっても、このエリアには水が存在していることが多く、生き物も生息している。

渓流域の樹木と水

渓流と何らかの形で関係があるエリアを渓流域という。森林内を流れる渓流の場合、渓流から少し離れた陸域にも多くの樹木が生育している。こういった樹木から生じる落葉などの有機物が、土壌中で分解されて無機物となった栄養分も渓流にもたらされるため、渓流から少し離れた陸域も渓流域に含まれる。

渓流域の陸地に存在する渓畔林（図1-9）は、水の中に生息する生き物と陸上に生息する生き物の両方にとって重要な役割を果たしている。落葉のような有機物を渓流にもたらすだけでなく、樹冠が渓流を覆うことによって渓流の水温の上昇を抑えたり、渓流に差し込む光の量を調整したりする役割を担っているのだ。渓畔林の状態は、渓流内の有機物生産に大きな影響を及ぼしているといえる。また、水

図 1-9　渓畔林のカバーで覆われる渓流（奈良県四郷川）

の流れによって岸が侵食されたり、陸域から渓流へ土砂が流入したりするのを制御する役目も果たしている。

渓流域の陸地から渓流にもたらされる水は、ほとんどの場合、岩石や土壌と接しながら流れてくる。そのため、渓流の水質は、その流域の地質や土壌の影響を大いに受けている。例えば、花崗岩からなる流域にある渓流の水質は酸性だが、砂岩や石灰岩のような堆積岩だとアルカリ性になる。そのため、渓流に生息・生育している動物や植物は、渓流のカルシウム量やpH値の影響を直接受けることになる。雨は直接土壌へ到達することもあるが、樹木を伝わって地面へと流れていく場合もある。雨は基本的に弱酸性だが、樹木を伝わる雨水は樹木の影響を受けてさらに酸性化する。樹木が針葉樹だと酸性化の度合いは高くなる。これは大気汚染物質が幹に吸着しやすいためと考えられている。そして、樹木を伝わって地面に到達した酸性化した雨水は、今度は土壌に影響を及ぼすことになる。

次に樹木の根元付近に注目してみよう。樹木は、蒸散というしくみを通して、土壌中から大気中に水を動かしている。その水の動きをつくり出すために、樹木の根元には水の貯蔵スペースが形成されている。渓畔林が植わっている土壌中にも、大きな水の貯蔵スペースが形成されていて、渓流域の樹木の数が多いと、水の貯蔵スペースも広くなり、土壌中から大気中へ動く水の量も増加する。陸域に降った雨はすぐさま渓流に流れこむのではなく、雨水はまずその貯蔵スペースに貯まるため、雨が降っても土壌にしみこんだ水が陸域から渓流に勢いよく流れこむことはないのである（ただし、大雨の場合は別）。渓流域の樹木は水を制御する役割を果たしているため、仮にこれらの樹木を伐採すると、渓流にもたらされる水の量は三〇％以上増加することになる。

下流は上流よりも合流する支流の数が多い。そして、本流は、合流する支流の影響を間違いなく受けている。よって、源流からの距離が長くなればなるほど（つまり下流になればなるほど）、支流の影響が大きくなるといえる。

下流になれば川幅が広くなり、川幅が広くなれば、渓流域と違って川岸に形成される植生と川との直接的なつながりは弱くなる。横のつながりが弱くなるかわりに、縦のつながり、つまり上流域の生態系の影響を強く受けることになる。

大雨で上流の川が氾濫すると、栄養価の高い堆積物が上流から下流にもたらされる。こういった攪乱自体も、水の中に生息する生き物にとっては、よりよい生息地が形成されるきっかけとなっているが、過度な攪乱はマイナスの影響をもたらすことになる。川での人間によるさまざまな活動も、渓流や渓流に生息している生き物に大きな影響を及ぼしている。そのため、渓流を管理する際には、単に川のみを管理対象にするのではなく、流域全体を視野に入れて管理していく必要がある。

川の構造をとらえる

渓流域がどのような構造でできているのか、ということを具体的に読み解くために、ここでは三つの切り口、大きさ・階層性・空間構造という視点から川がどのように分解できるのか見ていこう。

まず大きさという視点から見てみる。渓流域は大きく六つに区分することができる。小さいほうから、粒子レベル、生息地レベル、瀬淵レベル、蛇行区間レベル、景観レベル、河川レベルである。

粒子レベルは、砂粒やシルト、細かくなった落葉などの有機物そのものの大きさのレベルであり、川の中で浮いていることもあるが、そのほとんどは河床の流れの下半分に存在している。

生息地レベルは、粒子が集まることで、数センチメートルから数十センチメートルのさまざまな生息地が形成されるレベルであり、雨が降るたびに少しずつ変化する。

瀬淵レベルは、流れの速い瀬と遅い淵からなる瀬-淵構造ができるレベルのことで、瀬・淵それぞれに多くの生息地が形成されている。河床表面、河床間隙水域、瀬、淵を行き来するエリアもここに含まれ、一年から数年単位で変化することが多い。

渓流の場合、一つの蛇行区間には、いくつかの瀬-淵構造が存在している。この蛇行区間レベルにな

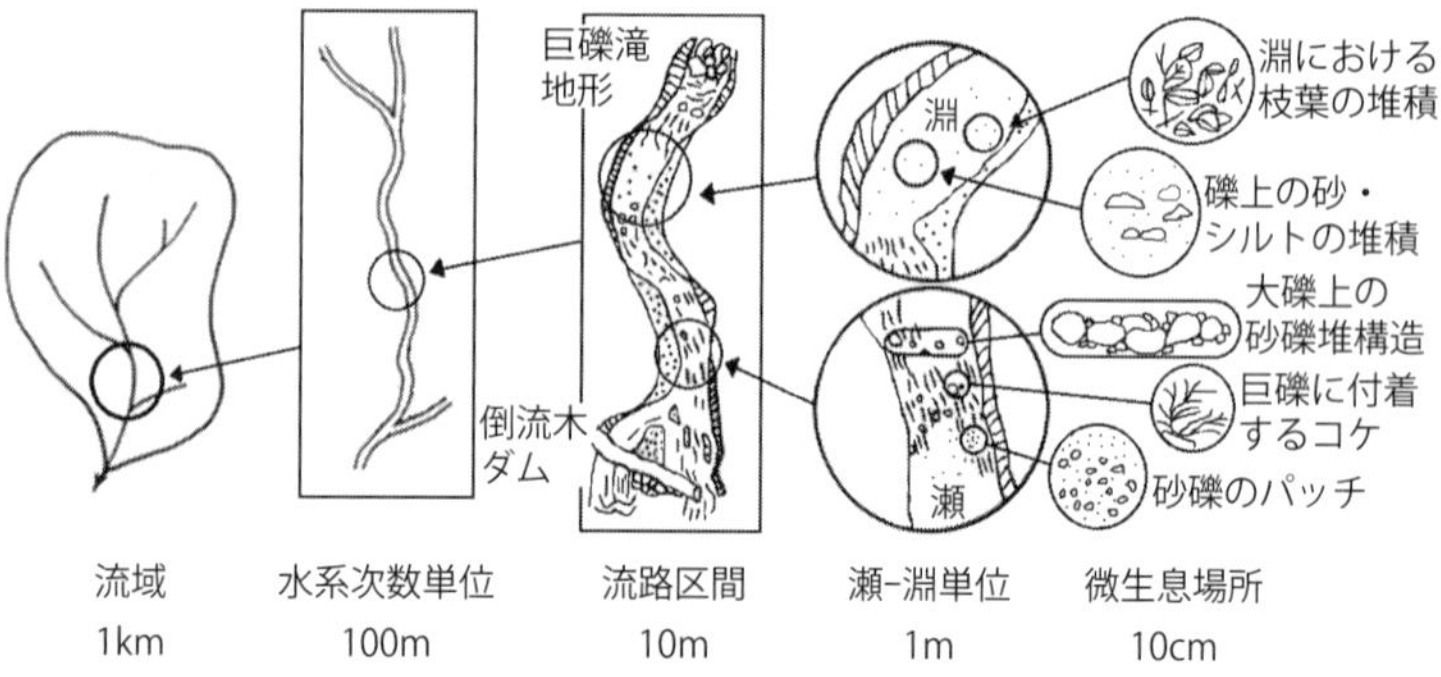

河川の階層概念図（Frissell et al., 1986 を改変）

図 1-10　階層性という視点から見た渓流

川は階層的な構造になっており、大きなスケールで見られる特徴はその中の小さなスケールの特徴に加えられている。

ると、一〇年から一〇〇年単位で、ほぼ同じ状態が維持されている。

景観レベルになると、一つの景観の中に、いくつもの蛇行区間が見られる。一〇〇年から一〇〇〇年の間、ほぼ同じ状態が維持されており、景勝地という形で残っているのはこのレベルである。

最後に、河川レベルだが、一つの河川にはいくつかの景観が存在している。流域面積が数百平方キロメートルにも及ぶような川は、地質学的な長い歴史をもっている。世界の主要な川の多くは、数百万年前に形成されたものだ。

次に、階層性を考えてみよう（図1-10）。川は階層的な構造になっており、大きなスケールで見られる特徴はその中の小さなスケールの特徴に加えられている。

例えば、一つの石という小さな対象に焦点をあててみると、石の上に繁茂している藻類は、石の上を流れる水の速さや水の攪拌《かくはん》の度合いの影響を受けている。また、藻類の量や群集構造は、水の栄養状態の影響を受けている。

もう少し視野を広げていくと、石のスケールでは認識できた栄養状態や流速の影響が見えなくなり、藻類を食べる底生動物そのものが水質の影響を受けているのが見えてくる。

さらに大きなスケールで見てみると、個々の底生動物の生き様は見えなくなる。流域に生息している生き物の個体数は、その流域で起こる洪水の頻度や渓畔林によるカバーの有無などと密接に関連していることが見えてくる。

人の手による森林伐採は、渓流内の光の状態や有機物の量を変化させるし、渓流内への土砂量を増やすことになる。よって、石のスケールで見た底生動物と藻類との間の関係に、景観という大きなスケールの影響が及んでいることになる。しかし、逆のパターンはあり得ない。森林伐採（景観スケール）などによる底生動物への影響は、藻類の動態などによる底生動物への影響（石スケール）とは階層性が大きく異なるのである。

最後に、空間構造（次元）という視点から川の構造を見てみよう。川には流程方向・断面方向・縦方向・時間方向という四つの次元がある。

流程方向というのは、上流から下流へと流れに沿った物理的（砂粒の大きさなど）・化学的（水質など）な変化のことで、それが生物的な変化に影響している。

断面方向（横のつながり）とは、渓流・渓畔林・陸域の相互関係のことであり、陸域・渓流域・渓流で物理的・化学的な変化が生じ、それに伴って生息する生物も変わる。河床の下と陸域の土壌の下の水系にも同じような相互関係がある。この広大なシステムは、渓流から陸域に向かって約二キロメートルにも及んでいる。

縦方向（縦のつながり）は、渓流・河床間隙水域・地下水の相互関係を指す。渓流と地下水との間には、河床間隙水域が存在していて、その広さは、河床の透水性や川の流れの状態と関係しているだけでなく、樹木を通した大気との水のやりとりとも関連している。河床間隙水域は、渓流生態系機能の一部を担っており、この水域には一定数の生き物が生息している。

時間方向というのは時間の流れのことである。渓流生態系の物理的・化学的な変化や生物相の変化は季節と関係していることが多く、これらは予測可能である。しかし、洪水や気候変動による渓流生態系における攪乱の規模や頻度、流域の土地利用や植生の変化は予測不可能である。

渓流の環境

自然豊かな場所に行ってみたい！　と思ったとき、皆さんならどこに行くだろうか。北海道から沖縄まで、日本には自然豊かな場所がたくさんありすぎて、行き先に悩むことはないだろうか。海、山、森、草原、湖……場所によって見える景色も違い、どこへ行こうか迷ってしまう。そう、川もそれぞれ物理的・化学的・生物的な環境（例えば、砂粒の大きさ・硬水か軟水か・藻類の量）が違っており、それらが見える景色の違いをもたらしている。川にいる動物や植物などの生き物は、個々の川の状態にうまく適応して、いま自分たちが生育・生息している場所を、より生活しやすい形にしている。川にいる生き物が、これらの環境に対してどのように適応しているのかを知るためには、まず、川の水や川底の性質などを知る必要がある。

ここでは、渓流の水、渓流に入りこむ光、その光をさえぎる渓畔林、渓流の河床の状態について、お話ししよう。

酸素濃度

多くの生き物にとって、酸素は呼吸のために必要不可欠なものだ。水の中に生息する生き物にも酸素が必要である。でも、水の中に酸素があるのだろうかと心配する必要はない。水の中にもわずかではあるが、酸素が存在している。しかし、水の中に酸素があるといっても、利用可能な酸素の量は空気中の約三〇分の一なのだ。

水の中の酸素はおもに、水面で水と空気が触れ合うことで、水の中に空気が取りこまれることによってもたらされている。また、水中に溶けて存在する酸素の量（溶存酸素量）は水温が低いと多くなる。標準の大気圧の下で水に溶けこんだ酸素量を調べると、五℃で一二・七七㎎／Ｌだったのが、二五℃では八・二六㎎／Ｌにまで減少する。また、流れが速いなど水が攪拌されていると、空気と触れ合う機会が増えるので酸素濃度は高くなる。よって、流れが速く、水が攪拌されている場所（瀬など）では、通常、酸素が飽和している。しかし、流れが停滞している場所（淵など）では、酸素濃度は低くなる傾向にある。

水生植物は呼吸し光合成も行うので、水生植物が生育していると、水の中の酸素濃度も大きく変化する。植物が成長する日中は、光合成によって水の中に酸素が供給されるので、水の中の酸素は過飽和状態になる。しかし、夜間は光合成が行われず、呼吸のみが行われるので、酸素濃度は低下する。水中の酸素飽和度を二四時間にわたって調べると、夜間の三〇％程度から日中の一六〇％程度にまで変化することもある。

通常、地下水は空気と触れ合う機会が少ないので、溶存酸素濃度は低い。そのため、それなりの量の地下水が渓流に流入してくると、渓流の溶存酸素濃度も低くなってしまう。ダムなどの貯水池も溶存酸素濃度が低く、二酸化炭素濃度が高い傾向にある。そのため、ダムの下流河川でも溶存酸素濃度は低くなる傾向にある。地下水の流入やダムなどがなくても、有機物によって川が汚染されている、流量が少ない、水温が高い、水生植物が大繁茂しているなどという状態でも、低酸素状態に陥りやすくなる。

一般的に、上流では流れが攪拌されており、空気に触れる水の表面積が大きくなるため、空気中から水の中へ酸素が移行しやすくなる。また、上流域は水温が低いため、酸素の溶解度も高い。つまり、上流域の渓流水の溶存酸素濃度は高くなる傾向がある。

水温

淡水に生息している生き物のほとんどは変温動物で、彼らの体温は、体の周囲をとり囲んでいる水の温度に大きく左右されている。一般的に、呼吸・消化・光合成などの生理的な機能は、生化学反応にもとづいて行われている。そして、生化学的な反応の速度は温度に依存している。成長速度や生活史の長さも、温度に依存している。よって、淡水に生息している生き物は、水の中の溶存酸素濃度に加えて、水温による影響も受けているのだ。

空気は、太陽の光による日射によって暖められている。その暖められた空気が渓流の水に直接触れることにより、熱が水に伝わり、渓流水が暖められる。暖められた渓流水は、放射・蒸発・河床などへの熱伝導によって徐々に冷めていく。水の比熱が高いため、一℃上昇させるのに、他の物質の場合よりも多くの熱エネルギーが必要になる。これはつまり、渓流水を暖めたり冷やしたりするには、空気よりも時間がかかることを意味している。

瀬は常に水が攪拌されているため水温の変化が伝わりやすいので、瀬の中の場所による水温の違いは生じにくいが、淵よりも一日の水温変化が大きくなる。湖では、水面近くと底近くでは水温変化が大きく異なるということがよく起こる。しかし、川ではこのような大きな違いはあまり起きない。川で水温変化に大きな違いが生じるのは、水深が二〇メートル以上のゆったりした流れの河川の場合のみである。

地下水の水温は、年間を通じてあまり変わらない。だから大量の地下水が流入する場所や湧水の近くの渓流の水温も、年間を通じて比較的一定になりやすい。標高の高いところに源流があり、源流から離れるにつれて標高が低くなるような渓流の場合は、標高が低くなるのに伴って水温も上昇する。一日の気温変化が小さい熱帯では、渓流の水温変化も少なくなる。しかし、熱帯であっても、標高の高い場所では、温帯に近い気候になるため、そこに存在する渓流環境も、温帯の渓流に近くなり、一日のうちで水温の変化も見られる。

渓畔林があると渓流内には日陰ができるが、その度合いも渓流の水温に影響する。日陰は夏に渓流の水温が上昇するのを抑えるとともに、毎日の水温上昇も抑制している。だから、渓畔林を伐採すると最高水温は六〜七℃上昇してしまう。日本には、渓流が峡谷の切り立った壁で囲まれている場所もたくさんあるが、こういった壁も渓畔林と同様の遮光の役割を果たしている。

乾燥地域や南極などにある川の水温は、季節的な変動が大きい。極地では二〇℃以上、乾燥地域では四〇℃以上、一年の間に変動する。一方、赤道や熱帯雨林にある川の水温の変動は、年間で数℃程度である。

温帯地域にある川の水温も季節変動するが、乾燥地帯や極地ほど変動するわけではない。また、温帯地域の渓流では、最も水温が高くなる季節でも、渓畔林があると最高水温は一〇℃台、渓畔林がないと二〇℃台程度である。ちなみに、温泉が湧き出る川では八〇℃を超えることもある。

水温が最低になるのは、川全体が完全に凍ったときである。川の大部分が凍っていても、川底の下に存在する河床間隙水域を流れる水は、多くの場合凍らない。だから、このエリアに生息している生き物や避難してきた生き物への影響はほとんどない。しかし、河床間隙水に氷ができるほど水温が低下すると、生き物への影響が生じ始める。
瀬に大きな岩が存在する場合、水温が下がると、大きな岩にぶつかる川の水しぶきなどで分厚い氷が形成され、この氷が何らかの力で剝がれると河床を削り、生き物の生息地を壊してしまうことがある。また、河床の上に数センチメートルの厚さの氷の層ができることもあるが、それが流れの力によって剝がされると、河床も一緒に根こそぎ剝がされてしまい、生き物の生息地が失われてしまう。

日射量

渓流では、太陽の光は主要なエネルギー源の一つになっている。しかし、どの渓流でも同じエネルギー量を獲得できるわけではない。場所によって、エネルギー量（日射量）は大きく変わる。赤道付近の日射量は、雲がない場合、一日で一平方センチメートル当たり一〇キロジュール程度にもなり、年変化はあまり見られずほぼ一定である。だが、北極付近では、真夏には四キロジュール程度にまで達することがあるが真冬はほぼゼロになる。また、気候帯が同じであっても、渓畔林の有無によって大きく異なる。

日射量は植物の光合成量に大きな影響を及ぼしているので、場所によって光合成量に大きな違いが生じるといえる。しかし、渓流中に生育している植物にとっては、それほど単純な話ではない。渓流水中に到達する日射量は、時期・場所・標高・大気の状態・水深・透明度などによって大きく異なるからだ。例えば、渓流水自体が受け取ることのできる日射量は、標高とともに増えるが、渓畔林によって日陰が

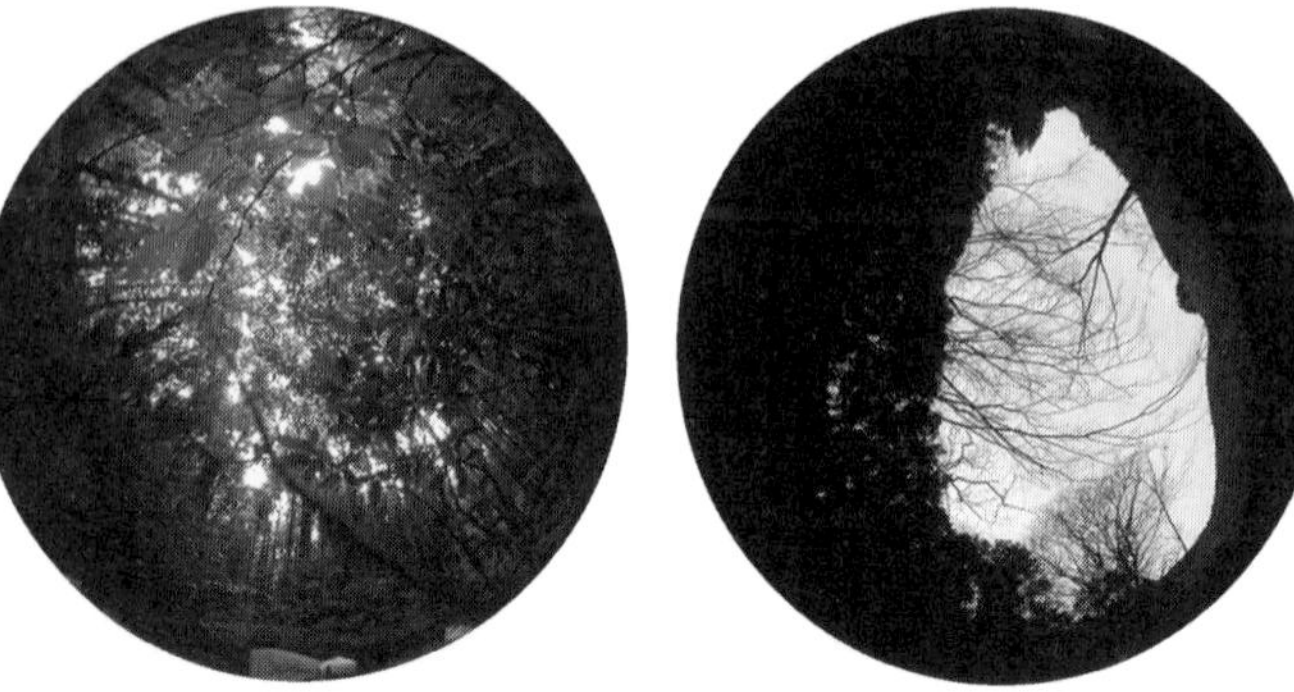

図 1-11　日陰をつくる渓畔林
左：光が河床にあまり届かない状態の夏の林冠。右：河床に光が届く落葉後の林冠。

できると減る（図1－11）。
　光が渓流の水面に届いたとしても、光の反射によってかなりの日射量が失われている。光の反射によって失われる光の量は、光の入りこむ角度（入射角）によって異なる。入射角は太陽の高さに応じて変化し、真上からあたる光だと、失われる日射量は入射量の二〇％程度だが、入射角が浅いと反射する光の量は多くなり、水面と平行な角度から入りこむ光の場合は九九％程度失われる。
　日射量は緯度や時刻、谷が向いている方向によっても異なってくる。入射した光が渓流の水面を通過できたとしても、渓流の河床に光が到達するかどうかは、渓流水の透明度や色に依存するし、また、水深が深くても河床に届く日射量は少なくなる。

渓畔林

　渓畔林は、渓流に降り注ぐ光の量や水温に影響を及ぼしている。まず、渓流に日陰をつくるという点で、渓畔林は重要な役割を果たしている。渓流の河床に到達する光の量は、渓畔林が発達すればするほど減少する。よって、一次河川や二次河川などの上流域では、樹冠における日射量の五〜一〇%しか河床に届かないのに対し、淀川などの比較的浅い川の場合は日射量の約五〇%が到達する。ちなみに、熱帯林では、森林が非常に発達しているので、河川に届く日射量は樹冠の一%程度にまで減ってしまう。日射量が減ると、そこで生産される光合成産物の量も減少する。

渓畔林の役割はこれだけではない。渓畔林は、渓流における重要なエネルギー供給源となる落葉（粒子状有機物）を渓流にもたらしている。周辺の土地利用や渓畔林の植生は、さまざまな形で水質に影響を与えている。植生が変わると、流入する落葉の種類が変わり、落葉から溶け出す養分が異なるため、渓流の水質が変化する。その結果、渓流に生息する生き物の群集構造が変化したり、生き物の成長速度が変化するなど、落葉が生き物に与える影響も異なってくる（図1-12）。

このように、渓畔林は、渓流内における光合成量と落葉の流入という点でも、渓流におけるエネルギー収支に大きな影響を及ぼしている。

また、大気中には窒素酸化物などのさまざまな化学物質が含まれている。つまり陸上に存在する樹木の葉は、大気中のさまざまな化学物質に常にさらされていることになる。樹木はこれらの化学物質を樹体内に取りこまないように除去・遮断する機能をもっている。取りこまれなかった化学物質は葉の表面に残り、雨が降ると洗い流され、土壌にもたらされる。こういった化学物質は、硝酸イオンなどに土壌中で形を変えると、渓流に運ばれやすくなり、いったん渓流に流れこんでしまうと、流域内ですぐに拡

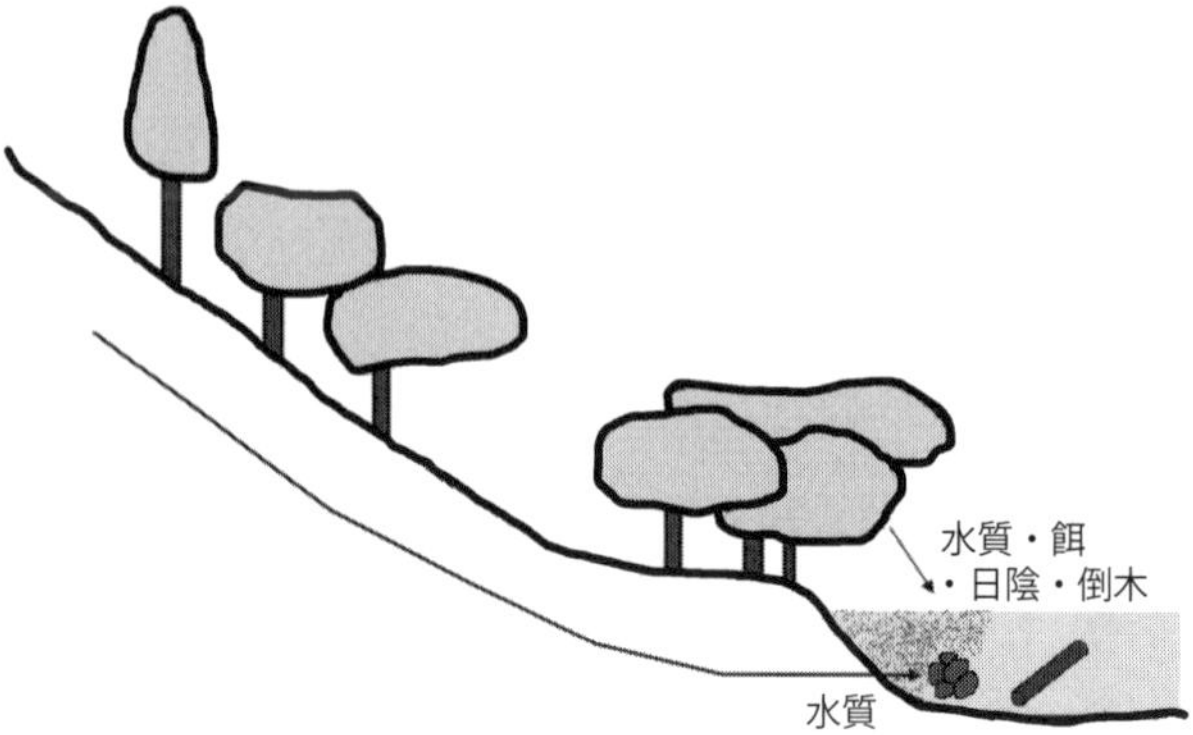

図 1-12　渓畔林の役割

渓畔林には、渓流に降り注ぐ光の量や水温を調節できる機能があり、落葉というエネルギー源を渓流にもたらしている。また、渓流の水質や水量を調節する役割も果たしている。

散してしまう。そのため、渓畔林には、こういった化学物質がすぐに渓流に流れこまないようにする役割、土壌中に保持する役割も求められる。

渓畔林が根を張ると、岸が安定する。しかし、何らかの影響で渓畔林が倒木となって渓流に倒れこむと、渓流内に小さなダムのようなものが形成される。このように、渓畔林は渓流の水路形成にも影響を与えている。渓流内の倒木は水の流れに対する壁となるため、渓流内の構造が大きく変わり、倒木の上流側には淵のような構造、下流側には瀬のような構造が形成される。小さな枝や落葉はこの倒木にひっかかって倒木の上流側に集まりやすくなるが、底生動物や小魚はこういった場所を流れからの避難場所として利用している。よって、渓畔林からもたらされる枝・落葉・倒木が渓流内に存在すると、渓流内の底生動物や魚の多様性が高くなるともいえる。

樹木は葉の気孔を通じて水の蒸発散を制御している。

表1-2　砂や石の大きさの目安

粘土	粒径0.005mm未満の粒子
シルト	粒径0.005mm～0.075mm未満の粒子
砂	粒径0.075mm～2mm未満の粒子
砂利	小石より小さいが砂よりも大きいもの
レキ（礫）	粒径2mm以上の石
小石	岩より小さく砂よりも大きい小さな石
玉石	粒径12～14cm程度より大きい石
岩	大きい石で、加工されておらず、表面が滑らかでないもの
岩盤	地表の下にある、岩石でできている広い地盤

そのため、流域に樹木が存在するかどうかは、流域全体の水分量に影響を与えることになる。ある流域の森林が伐採された場合、その後、その場所に半分程度しか植林されなかったとしたら、樹木の根元にできる水の貯蔵スペースも半分程度なくなるため、渓流に流れこむ水の量も少なくなり、流量はもとの一〇％程度が減少するようである。まったく植林されなかったら、流量はもとの三〇％程度も減少する。

河床と石

渓流に生息する多くの生き物にとって、河床の状態は非常に重要である。河床は、生き物の休息・移動・繁殖・成長・捕食者からの回避・流れからの避難など、さまざまな活動のための場所を提供しているからだ。また、餌となる藻類が生育していたり落葉が集まったりしているため、河床はこういった餌を直接手に入れることのできる場所でもある。

河床には、さまざまな物質（無機物や有機物）が集まってくる。それらは通常、渓流の斜面や上流域からもたらされている。

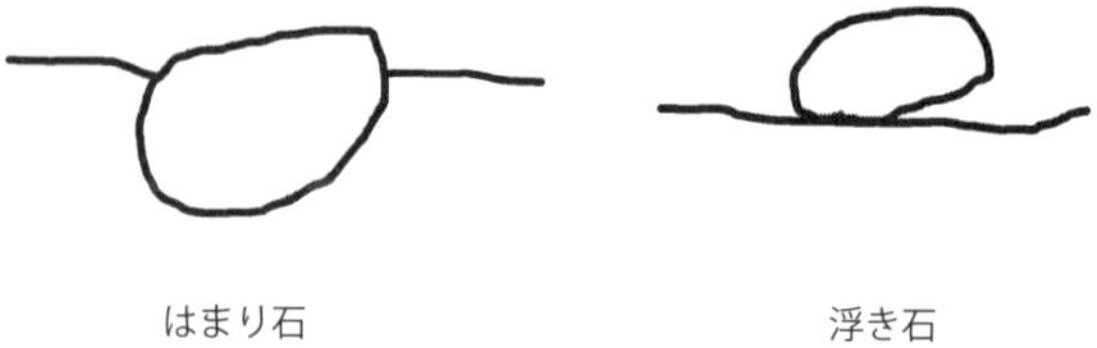

図1-13　河床をつくる石
左：はまり石、拾い上げにくい。
右：浮き石、拾い上げやすい。

無機物には、シルト・砂・砂利・小石・玉石・岩・岩盤などが含まれる（表1-2）。有機物は生き物の死骸・葉・上流からもたらされた倒木・藻類・コケ・水生植物などからなっている。

　無機物や有機物の大きさにもとづいて、河床におけるそれらの機能や役割を表すことができる。一般的に、小さい有機物は餌として機能し、大きい有機物は基質（基盤や土台）として機能している。また、大きな粒径のものは、流速が遅いと移動しにくくなるため、流速と河床基質の種類との間にはある程度の関係性がある。源流域は川の勾配がきつく川幅も狭いので、流れが速くなり、岸などを侵食する能力も高くなるが流量は少ない。そのため、小さい粒径のものは下流へ移動し、大きい粒径のものは源流域に残ることになる。一方、下流では、川の勾配がゆるく川幅が広いため、流れが遅くなり侵食能力も低下する。下流では、上流から流れてきた小さな粒径のものが川底に沈むため、小さく均一な大きさのシルトや砂からなる河床が形成される。

　渓流には、岸の侵食によってもたらされた大きな粒径の石と、上流から流れてきて堆積した小さい粒径の石が混在している。しかし、渓流の形状は場所によって異なっていて、流れ方も多様なので、流れる石の大きさは流れの状態によって変わる。その結果、渓流内にはいろいろな河床状態が形成されることになる。例えば、流れの真ん中に大きい石があると、流れ方は大きく変わり、大きな石の下流側には、流れのない場所ができる。そういった場所に存在する小さい粒子は、流れがないために下流に運び去られることがない。また、大きい石のまわりも流れが緩やかになるため、細かい砂利が集まりやすくなるのである。しかし、洪水などで流量が増加すると、こういった石や砂利も移動し、河床の石の再分布が起こる。河床の状態は時間の経過とともに常に変化しているともいえる。

また、川の中にある石には、比較的大きいにもかかわらず簡単に拾い上げることのできる石（浮き石）と、それほど大きいわけではないのに石の一部が砂利やシルトに埋もれていて拾い上げにくい石（はまり石）がある（図1－13）。砂利やシルトで石が囲まれている割合（はまり石の度合い）にもとづいて、河床を分類することもできる。はまり石の度合いが高ければ、攪乱の少ない比較的安定した河床といえる。はまり石の度合いは、河床の有機物量にも関係していて、流路に大きなはまり石があると、有機物はその石に引っかかって堆積しやすくなる。浮き石も集まりやすくなる。このような大きな石が多く存在するような場所では、さらに有機物が下流に流れにくくなり、浮き石や有機物がとどまることによって、生き物の多様性や個体数も増加する傾向がある。

流域の構造

渓流内に存在する有機物の多くは、流域の渓畔林植生から渓流にもたらされたものである。渓畔林からもたらされた枝・葉・蕾・花・花粉などの有機物は、渓流内の石にあたることなどによって、細かくなっていく。

一方、渓流内の無機物の多くは、流域の土壌からもたらされたものである。シルトなどの一部は懸濁物質として水の中を浮遊している。そのため、この懸濁物質の量によって渓流の河床に届く光の量が左右される。この懸濁物質の量も、川を分類する際の指標として使用することができる。

渓流の周辺流域が侵食性の高い土壌だったり、渓流周辺で農業が行われていて土壌保全が完全でなかったりすると（圃場整備が不完全）、多くの土砂が渓流にもたらされることになる。また、流域（特に急斜面）の森林を伐採すると、大量の土壌が渓流に流入することが多い。したがって、流域の植生率と土壌の侵食率との間には負の関係が成り立っている。

また、乾燥した地域の渓流には湿潤な地域の渓流よりも、多くの浮遊物質が流れている。ダムの建設などの人為的活動も、渓流中の浮遊物質の量を増やしている。ただ、ダム自体は、下流へ流れる土砂を減らすためのものなので、建設が完了すると、下流へ浮遊物質が流れていくことは少なくなる。

渓流そのものの状態を決めている物理的な要因は、おもに、水の流れ方・水温・河床の状態である。生き物にとっては水の中の酸素濃度も重要になってくるが、これは水の流れ方・水温・河床の状態に大きく左右されている。そして、水の流れ方・水温・河床の状態は、流域の構造や地質、周辺の土地利用、気候などの影響を受けているのである。

流域の構造は、流れ方や水温に大きく影響を及ぼしている。例えば、渓流の岸が切り立っていると、流れに遊びが少なくなり瀬-淵構造もできず、流れ方自体が変わる。また、流域全体の標高が高いと、上流から下流に流れて行っても、水温は低いままである。

気候が異なると降雨のパターンも大きく異なる。日本のような温帯で湿潤な地域では、降雨に大きな季節性は見られない。季節性がない地域であっても、その地域独自の降雨パターンが存在し、その地域の川の水の流れ方や流量・水温などに影響を及ぼしている。

地質の状態や渓流周辺の土地利用状態は、渓流の水質や河床の状態に影響を及ぼしている。石灰岩地質の渓流では、pHがアルカリ性に傾く。渓流周辺で森林の伐採がされると、土壌が渓流に流れこみやすくなる。渓畔林の有無によっても水温が異なる。渓畔林の植生状態は、渓流内に降り注ぐ光の量に影響を及ぼしている。渓畔林の状態が異なると、陸域からもたらされる落葉などの有機物量や質も異なってくるのである。

渓流に生息している生き物は、水中の酸素濃度・水温・光の状態に大きく依存しながら生きている。酸素濃度・水温・光の状態などは渓流の物理的状態によっても大きく変わる。そのため、生き物が生息している環境も流域の構造や地質、周辺の土地利用、気候などが変わるとそのたびに変化し、時には生息できなくなる生き物も出てくることになる。

川の水の流れ方

陸上で体を動かすときとプールの中で体を動かすとき、どちらが大変だろうか。そう、プールの中だ。人間以外の生き物にとっても同じことがいえる。陸域で生活している動物は、大気で充満した空間の中で生きている。空気の密度は低いため、物が移動する際の抵抗が少ない。よって、陸域で生活している動物は、空気の状態にほとんど左右されずに自由に動くことができる。しかし、水の密度は空気よりも高く、抵抗力も大きい。だから水の中で生きている動物は、水の影響を強く受けながら生活を営んでいることになる。

その一方で、陸域で生活している生き物は、地面や地面とつながっている樹木などと接することなく生きることはほぼできないが、水域で生活している生き物の中には、一生、水の中で浮いていられるものもいる。また、同じ水の中でも、湖沼などの止水と川などの流水では、生き物への影響は大きく異なっている。湖沼では、多くの生き物は浮いている。しかし川では、多くの生き物が河床と接した状態で生活している。川で浮いていたら下流に流されてしまうからだ。川に生息する生き物は、下流に流されないようにするために、さまざまな形で水の流れに抵抗して生きていかないといけないのである。

ここでは、川の水の流れ方をひもといていきたいと思う。数式などは、読み飛ばしてもらってもかまわない。

河床で決まる層流と乱流

水の流れは、縦方向・横方向・垂直方向に自在に変化している。個々の水分子（H_2O）が予測不可能な動きをしているため、空間的にも時間的にも同じ水の流れが起こることはない。水の流れ自体は多様だが、流れ方は河床基質の滑らかさによって、層流と乱流という二つのタイプに分けることができる。

河床が泥のみで覆われていたり、平らな岩盤であったり、水草が密に茂っていてその上を水が流れているなど、平らな部分の上を水が流れる場合、層流が生じている。こういったところでは、流速の異なる流れが同じ場所で同じ方向を向いて流れている。層流は流れが平行関係にあるともいえる。一般的に層流の流速は遅い。

一方、乱流は、河床基質が一定でなく、さまざまな大きさの石で構成されていたり、小さな滝があったりする場所で起こり、流速が速く、不規則な流れである。水を攪拌していることになるため、水質は均質化し、溶存酸素濃度は高くなる傾向がある。

水の粘性と慣性

水の流れには、粘性と慣性という二つの特性も関与している。粘性と慣性は水の流れやすさを表しているともいえる。粘性とは流れる水の粘りのことで、冷たい水は暖かい水よりも粘性が高い（温度が上昇すると、水分子の運動が活発になるため、抵抗が減って粘性が低くなる）。慣性は、力が加えられたときや止まったときの物体の抵抗のことだ。電車が急に止まって、おっとっと、となるのは慣性が働いているからである。
慣性が強いと乱流になり、粘性が強いと層流になる。
渓流水の慣性度と粘性度を式に表すと次のようになる。

渓流水の慣性度：（水の密度ρ）×（流速V）^{2}，単位：（kg/m^3）×（m/s）

渓流水の粘性度：（水の粘性係数μ）×（流速V）/（測定する物質の長さL），単位：（kg/m・s）×（m/s）/（m）

そして、生き物のまわりに存在する水の状態を、水の粘性度と慣性度を使ったレイノルズ数（Re）というもので表すことができる。

Re＝慣性度/粘性度 ＝（流速V）×（物の長さL）/（流水係数μ/ρ）

この式から、慣性度が高ければレイノルズ数は大きく乱流となり、粘性度が高ければレイノルズ数は小さく層流になるといえる。また、流速が速かったり生き物が大きかったりすると、レイノルズ数が大きくなるということもわかる。

例えば、流速が○・一m／s程度のさらさら流れる渓流は乱流となりレイノルズ数は一万程度になるが、粘性度が大きく水の音が聞こえないような渓流は層流になり、レイノルズ数は五〇〇～二〇〇〇の間と小さくなる。

一般的に、河床近くの流速の遅いところのレイノルズ数は低く、そこに生息する生き物は粘性力の影響を受けやすくなる。つまり、動きにくいが流されにくい。一方で、流速の速いところのレイノルズ数は高く、そこに生息する生き物は慣性力の影響を受けやすくなる。つまり、生き物がその空間に入りこむと、動きやすいが流されやすくなるのである。

川の中の流速

これまで見てきたように、流れが蛇行することにより、渓流の勾配や深さがさまざまに変化し、川では流れの速い瀬と水のよどむ淵が形成される。蛇行すると、流れは乱れる。また、蛇行する川の外側の流れは速くなり内側は遅くなる。河床や岸がでこぼこだったり枝などが存在すると、渦ができたり逆流したりして複雑な川の流れをもたらすことになる。

源流は通常、標高が高く傾斜のきついところにある。一筋の水の流れが生じることで川が始まり、それが集まることで渓流となっていく。支流が徐々に合流し、川幅が広くなっていくと、ゆるやかに流れる川となる。その後、傾斜のほとんどない深い河川となって、海に流れ出している。もし仮に、川の勾配が上流から下流まで一定だった場合、下流になればなるほど流量は増えるため、下流で川幅が広くなったり水深が深くなったりしても、川の流れは速くなっていくことになる。しかし一般的には、下流に

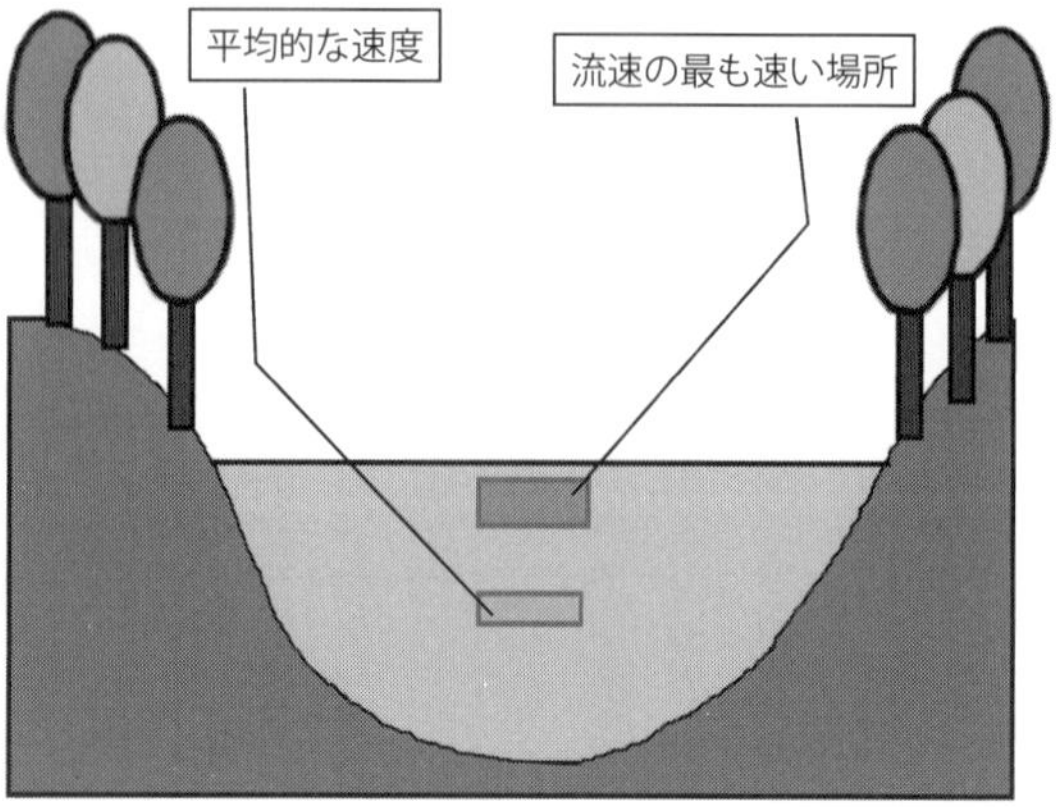

図 1-14　場所による流速の違い

川が最も深くなる地点の水面の少し下あたりのところの流速が最も速くなる。水面から６割ほどの深さのところでは、平均的な流速になる。

向かうと勾配は小さくなり川幅が広がるため、流速は低下している。一方で下流では河床基質が上流より細かくなるため、流れに対する抵抗が少ない。そのため、勾配が小さくなっても、流速はある程度のところから低下しにくくなってしまうのである。

水の中で生息している生き物は、流速や水の抵抗による影響を常に受けている。流量による影響も多少あるが、それ自体は水の中で生息する生き物にとって、あまり影響を受ける要因にはなっていない。

流速は、河床の勾配・河床基質の粗さ・水深などによって変わる。流速が三ｍ／ｓを超えることはめったにない。また、水深の深いところほど、指数関数的に遅くなる。これは、河床基質と接している水が、摩擦抵抗によって移動しにくくなっているからである。この摩擦抵抗による影響は、河床から離れるにしたがって少しずつ減っていく。そのため、流速も河床から離れるにしたがって少しずつ速くなる。川が岸と接して

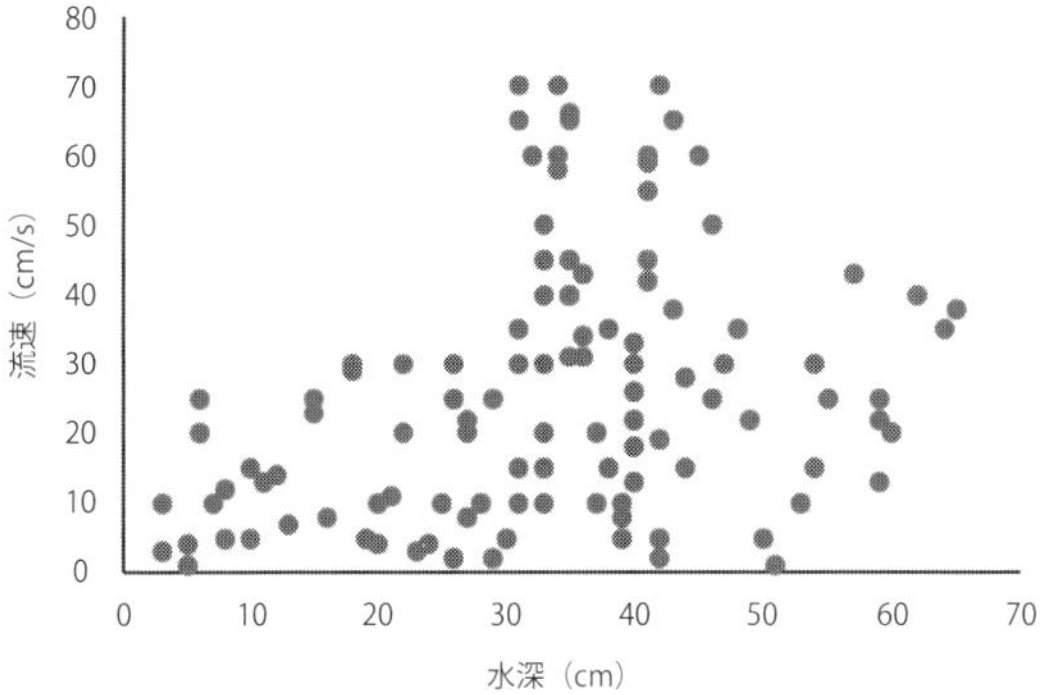

図 1-15　最も深い水深と平均流速との関係
水深が浅いと平均流速は遅いが、川が深くなると流速は速くなる傾向にある。

いる場所でも同じような現象が生じており、摩擦抵抗によって岸に近い場所の水の移動が妨げられている。その結果、川の流速を横断方向で見ると、流速が最も速いのは、川が最も深くなる地点の水面の少し下あたりのところになる（図1-14、図1-15）。水面から六割ほどの深さのところは、その川の平均的な流速になっている。

河床の状態が水の流れに影響を及ぼす範囲を境界層という。水の流れが河床基質と接している薄い部分のことであり、河床に近いところでは流速がゼロ近くになることがある。川の流れが速いと、この層は薄い。水深が深く河床基質が滑らかな場合、水の流れも滑らかになり、粘性の厚い層流の副層が境界層の中に形成されることがある。しかし、多くの川の河床基質はでこぼこしているので、河床基質での水の流れは複雑になり、河床近くの流れも遅くならないため、境界層はできにくい。

河床から石が突き出ている状態だと、石の上流側は流れに完全にさらされていることになるので、石の上面と上流端の流速は速くなる。石に沿って水の流れが進むと、石と流れとの間に境界層ができるようになる。その境界層の中では、流れとともに層流の副層が次第に厚くなっていく。石の下流側では、左右に分離した流れがぶつかって合流するため、流れが遅くなるか流れ自体がなくなってしまう「流速ゼロの場所」が形成される。この流速ゼロの場所は生き物の生息地として利用価値の高いエリアになっている。

流量変化の要因

流量とは単位時間あたりに流れる水の量のことで、川幅・水深・流速・河床基質などの川の状態によって大きく変化する。支流が入りこんだり水深が深くなったりすると、流量は増加する。流量は川の長さ・流域の大きさなどの流域レベルの状態によっても異なり、さらに、気候・総雨量・雨の降らない期間やその回数など、気候帯レベルの状態にも応じて変化する。

川には、地下水から継続して水が供給されている。そのため多くの場合、雨が降らなくても川には水が流れ続けている。流域に降る雨が、川の水を補給する役目を果たす地下水に供給されているからである。

流域に雨が降ると川の水は増加する。このような川の水位の変化は、基本的には、流域に降った雨が渓流に流れこむまでの、水の移動速度とその水量に依存している。移動速度が遅いと水位はゆっくりと変化し、水量が少ないと水位の変動は小さくなる。川の水位が変化するのに必要な時間は、流域の面積・形・勾配・植生などが大きくかかわっている。例えば、上流域で雨が降ると、上流域の川の流量変化は短時間で起こるが、その影響は下流域では短時間ではほとんど見られない。

川の水量は、雨が連続して降ると多くなり、雨が少ないと少なくなる。また、水量は季節的に変化し、年ごとにも異なる。川が存在する場所の気候や流域の地形などの影響も受けている。

水量が極端に多かったり少なかったりすると、川に生息している生き物は深刻な影響を受けることになる。もちろん、水量が多い場合と少ない場合とでは、その影響の種類は大きく異なる。水量が多すぎると流されてしまうことがある。水量が少なすぎると生息自体が困難になることがある。水量が極端に多い状態は、一時的で短期間で終わることがほとんどだが、水量が極端に少ない状態はゆっくりと起こり、多くの場合、長期間続く。

乾燥気候の地域にある小規模な川や水量が極端に少ない川の場合、川がとぎれとぎれになることがある。わずかな水が流れている状態から、少し進むと水たまり状のものが連続して存在する状態になり、そしてついには完全に水が見えなくなってしまう。しかし、このようなとぎれとぎれの川でも、水がまったく見えない状態でも、川の下に存在する河床間隙水域では、いつも通りの状態で水が流れているのである。

灌漑や水力発電のためにダムを設置すると、ダムから流れ出る水の量は調整される。一般的に、ダムから流れ出る川では、水量の変動が少なく川の流量も少ない。場合によっては涸れてしまうこともある。そのため、水が涸れないよう、ダム流出河川を流れる水の最低流量を決めている国が多い。これにより、ダム下流における生態系が機能するための最低限の流量が確保されることになる。

標高の高いところでは積雪が多く、その雪が解けたり、梅雨時に多くの雨が降ったりすると、上流域では水量がかなり多くなることがある。このような増水は下流域にも影響を与えるのだが、毎年ほぼ同じ時期に起こるので、予測可能である。そのため、川の中で生息している生き物は、これらの変化を生活史にうまく組み込み、水量の変化に適応しているのである。しかし、予測不可能な洪水は、生き物にとっては大きな攪乱となる。また、予測可能な洪水であっても、水量が極端に多いと大きな影響を生き物に及ぼす。長時間にわたって雨が降り続けると、大規模な洪水が起こる可能性も高くなっていく。一般的に、洪水になると川の水量は増えるが、川の平均流速も速くなる。

川の水量が普段の三倍程度になると川岸が決壊すると考えられているが、このような規模の洪水は五〇年に一回または一〇〇年に一回程度しか起こらないと考えられている。しかし、近年の気候変動によって、川の増水は頻発しており、従来の認識が通用しなくなっている。

渓流の水質を決めるもの

川や海の水が透明だと、きれいに見える。だが、その水質はどうなのだろう？　水が透明でも、ものすごい酸性の河川になっていることがある。この場合、川の中の石が赤茶色になっているので、ほかの川との違いに気づくことができるかもしれない。このような透明な水の水質を調べる場合、水素イオンの濃度である酸性度、カルシウムイオンおよびマグネシウムイオンの含有量で決まる硬度、水の中のすべてのイオン量で決まる電気伝導度、炭酸塩の濃度であるアルカリ度などが重要で、最低限こういった項目を調べておけば、異常があった際に次の対策がとれるのである。

ある場所の川の水質には、源流の水質、源流からの距離、その流域の地形・地質・土壌・植生、その流域で営まれている人間活動、降水量とその分布、季節、時刻、前回の降雨からの時間など、多くの要因が関係している。大気汚染や火山活動などによってもたらされた化学物質は、雨・水循環・乾燥などを介在しながら、大気中から川に入りこんで水質に影響している。川沿いで農業を営むことによっても、農薬や肥料の影響が生じてくる。ここでは、おもに上流域の渓流の水質が、雨水・植生・地質・土壌・土地利用などによってどのような影響を受けているのか紹介する。

大気汚染物質と雨水

雨水にはさまざまな物質が溶けこんでいる。通常、雨水に溶けこんでいる物質の濃度は平均で〇・〇二〜〇・〇四g／L程度で、川の水よりも薄い。また、大気中の二酸化炭素も雨水に溶けこんでいるため、通常、雨のpHは五・六程度になっている。

現代では、大気中に多くの汚染物質が含まれている。汚染源から長距離を移動してくることもある。大気汚染物質が放出されると、大気中で光化学反応などの化学変化を起こし、二酸化硫黄や窒素酸化物が溶解して硫酸や硝酸となる。これらが雨水に溶け込むと、硫酸イオンや硝酸イオンとなり、雨水は酸性化することになる。欧米では、pH値が二〜三程度のいわゆる「酸性雨」が降ることもある。

雨水の酸性化がなぜ問題なのか、と思われる方がいるかもしれない。それは、雨水の酸性度が、土壌に存在する有毒な金属イオンの溶出に影響を与えるからだ。雨水の酸性度が高いと、土壌中の金属イオンが溶出し、渓流水中へ流れこむ。アルミニウムが溶出した場合の影響は特に大きい。雨水のpHが四・五未満になると、土壌中のアルミニウムはAl^{3+}イオンとなって溶出することが多い。溶出したアルミニウムは渓流に流れこむが、渓流水中のアルミニウムイオンの濃度が〇・〇五mg／L程度よりも高くなると、魚にとって有毒なものとなるのである。

酸性化した雨が渓流だけに降るとすると、渓流水は雨水よりも酸性になってしまうが、雨が渓流だけに降ることはなく、渓流を取り囲む流域にも降っている。そのため、流域に降った多くの雨水は渓流に入りこむ前に、流域植生や土壌と接することになる。その雨水は土壌や植生によって緩衝作用を受け、雨水の状態よりもpH値が上昇した状態で渓流に流れこむため、雨水の酸性化による渓流への影響は緩和されていることが多い。

酸性化をもたらす流域植生

樹木は、空気中に含まれる塩分や大気汚染物質などを幹や葉に吸着させ、空気中から取りのぞく機能を保持している。そして、雨水の多くは樹木を伝って地面に到達するが、その際に、樹木にとらえられている大気汚染物質を途中で拾い上げてしまうことになる。そのため、雨水が地面に到達するころには、一部のイオン濃度が高くなり、雨水自体の化学組成も変化してしまっている。土壌では、樹木の根による水分の取りこみが常時行われているので、雨水とともに土壌水中にもたらされた大気汚染物質の濃度はさらに高くなっていく。

針葉樹は、大気汚染物質を大気から取りのぞく能力や雨水を酸性化させる能力が高い。そのため、流域植生が針葉樹林で構成されていると、その酸性化の影響がさらにひどくなる。つまり、緩衝能力があまりない土壌に針葉樹林が存在するような流域では、短時間の降雨であっても、pHは一時的に大きく低下することになる。さらに針葉樹が植林された流域では、土壌中のアルミニウムAl^{3+}イオン濃度が高くなる傾向にある。そのため、これらのアルミニウムイオンが渓流に流入する可能性が高くなり、針葉樹が植林された流域では酸性雨が大きな問題となるのである。

また、樹木は土壌中の硝酸塩やカリウムという成長に必要な栄養素を選択的に吸収している。よって、成熟した森林流域の中を渓流が流れている場合、渓流水中の硝酸塩やカリウムの濃度は非常に低くなる。そのため、渓畔林を伐採すると、渓畔林が吸収していた土壌中の栄養素は渓流に流れこむことになり、渓流水中の硝酸塩やカリウムの濃度が高くなるのだ。しかし、その後植林すると、それらの栄養素は植林木に吸収されるため、渓流へ流れ出にくくなる。

軟水と硬水

酸性雨や植生によって渓流水は酸性に傾きやすくなるが、土壌の存在によって緩和されている。そして、その土壌による緩衝能力は、その場所の地質によって異なる。

カルシウム、マグネシウム、カリウム、ナトリウムなどの陽イオンのことを塩基という。土壌中では、このような塩基は土壌の粒子に吸着している場合が多い。しかし、その吸着力はそれほど強くなく、状況によって容易に別のイオンと置き換わる。このような塩基を、交換性塩基という。

例えば、雨水に二酸化炭素が溶けると炭酸水（H_2CO_3）となり、渓流が酸性化する原因になる。なぜなら炭酸は、電離すると水素イオン（H^+）を生成するが（$CO_2+H_2O \rightarrow HCO_3^-+H^+$）、酸性化の指標は水素イオン（$H^+$）の量で決まるからである。緩衝能力が高い土壌が存在すると、水素イオンは、炭酸カルシウムやケイ酸塩など、その土壌に含まれている交換性塩基によって中和される。そのため、その土壌からしみ出た水が渓流水を酸性化することはない。

一般的に、密度が低くて透水性の高い花崗岩地質の流域を流れる渓流水は軟水で、緩衝能力が低いため、酸性寄りになりやすい。一方、堆積岩や石灰質岩石からなる流域を流れると、雨や雪はゆっくりとミネラル豊富な石灰層を通って濾過されるため、渓流水はミネラル成分がたっぷり溶けこんだ硬水となる。また、緩衝能力が高くなるため、通常pH七・五～八・五である。少ないながらも渓流水中に溶けているミネラルの多くは、石の風化によってもたらされたものである。

土壌と有機物の中和作用

土壌による緩衝能力は、土壌の中にある交換性塩基の種類や量に大きく左右される。炭酸塩や珪酸塩などの塩基が多い土壌では、酸性化した雨が降ってきても、緩衝作用が働いて、中性化した水を渓流にもたらすことができる。しかし、緩衝能力がほとんどない土壌では、酸性の雨水がそのまま渓流に流れこむことになる。また、緩衝される速度や量も、酸性化された雨水が土壌中にとどまっている時間によって変わってくる。雨水が土壌の緩衝作用によって中性化するということは、土壌は雨水によって酸性化するともいえる。土壌の酸性化を阻止するには、土壌に石灰を混ぜこむとよい。石灰は酸性土壌を高い緩衝能力をもつ中性の土壌に変えることができるといえる。

渓流の酸性化にはほかの要因も関係している。湿った谷底や湿地では、有機物などが自然にたまっていくため、酸性化しやすい。しかし、こういった場所から渓流に流れこむ水は、途中の土壌層で緩衝作用を受けるため、中和された水が渓流に流れこむ。土壌の層が薄かったり、水分の多い土壌だったりして、雨水と土壌との間にほとんど接点がないような流域では、雨水は土壌の表面を流れて直接渓流に流れこんでくるため、渓流が酸性になる傾向がある。

酸性雨の影響は、土壌の緩衝能力や流域植生の状態によって異なってくる。しかし、長期にわたって酸性雨にさらされ続けていると、土壌や植生がもっている緩衝能力を使いはたしてしまい、渓流水中のpHを調整する能力を失ってしまう。

農業用水と農薬

大気汚染は、汚染源から遠く離れたところにある生き物の生息地にも影響を及ぼす。その代表的な例が酸性雨である。樹冠に降った雨は、樹木の幹を伝って地面に落ち、土壌を通って渓流に流入してくるが、雨には、大気中で吸着した窒素化合物が含まれている。つまり、雨が降ると渓流水中の窒素、特に硝酸塩の濃度が増加することになる。

硝酸塩などの窒素分が渓流に流れこむ量は、流域の植生や土地利用の状況によっても変わる。流域が農業地帯だと、農業用水が渓流に流れこむため、渓流水中の窒素量が増える。畜産業が行われていると、多くのアンモニアが生成されるため、流域における窒素量がさらに多くなり、渓流の富栄養化につながっていく。

植物は成長にリンを必要とするため、土壌からリンを吸収・保持している。岩石の風化や土壌から生成されるわずかなリンを植物が吸収するため、一般的には渓流水中のリン濃度は低い。しかし、農地にはリンも施肥されるため、作物に吸収されなかったリンが渓流に流れ出すと、渓流水中のリン濃度は高くなってしまう。

農林業で使われる農薬もわずかではあるが渓流に流れこんでくる。これらは基本的にあまり水に溶けない。新しい化学物質が渓流に流れこむようになると、天然に存在している化学物質の濃度が変わり、相対的な量も変化する。流入する化学物質の濃度が高いと、生物に対する毒性も高くなる。化学物質の流入量に対する流出量の比率も毒性に関係してくる。流出量が少ないと渓流中に存在する毒性のある化学物質の量が多くなる。すると、食物連鎖を経て生き物の体の中に化学物質が濃縮され（生物濃縮）、水生生物に問題が生じる可能性が出てくる。歴史的にさまざまな問題を引き起こした鉱山排水も、生物に深刻な影響をもたらした一例である。

絡みあうさまざまな要素

源流域から河口域に向かって流れていく中で、川にはさまざまな支流が入りこんでいる。そのため、溶存イオンの濃度（電気伝導度、アルカリ度、硬度）、栄養分、pHなども、源流域から河口域に向かって徐々に変化していく。ただ、水質の大きく異なる水が支流から入りこんだり、地下水が流入したりすると、水質の変化が急激に起こることがある。

水質に影響を与えているのは、おもに地質と土壌だが、雨の量も重要になる。例えば、年間降水量の多い熱帯雨林をもつ南米では、渓流に溶存しているイオン濃度は世界で最も低い。しかし、そういった地域であっても、農業などが行われている地域から水が流れこむような場所では、溶存イオンの濃度は高くなる。

季節変化も重要である。風向きや降水量が季節で変化すると、渓流に流れこむ窒素化合物の量も変化する。また、繁殖活動や卵の孵化など季節変化する生き物の活動も、水質に影響を与えている。

川は標高の高いところから低いところに向かって流れている。標高の変化に伴って、地質・土壌・気候・植生も変化していく。人が行う活動の種類も標高とともに変化する。つまり、標高が変わると渓流水質への影響の度合いも変化するといえる。

大気汚染物質が渓流水に溶けこむことによって、水質は少しずつ富栄養化しているが、それに伴って、渓流水中のイオンの量や懸濁物質の量、溶存酸素濃度などもゆっくりと変化している。水質は、流域における植林や伐採などの影響も受け、ゆっくりと変化している。渓流水の水質が影響を受ける前の状態に戻るためには、大気汚染物質が完全になくなったり、本来の流域植生が回復したりする必要がある。

渓流水にはいろいろな物質が混ざり合っており、それぞれが互いに影響し合っている。だから一般的に見られるきれいな川では、水質の変化を検出するのは難しい。しかし、河川間隙水域の水質変化は、比較的容易に検出することができる。ここでは光が入りこまないため、生き物の呼吸によって酸素が速く消費され、窒素成分の無機化も速くなる。そのため、地表を流れる川よりも溶存酸素濃度が低くなり窒素濃度が高くなるからである。

水質変化のパターン

渓流水の水質を定期的に調べていると、水質の変化にパターンがあることがわかってくる。例えば、水生植物がたくさん生育している渓流では、水生植物の季節変化（花が咲いたり枯れたりなど）に応じて、水質にも季節的な変化が起こっている。水生植物は一日中呼吸しているが、光合成は日中のみ行われるので、溶存酸素量の日内変化も起こる。光合成量は日射量に応じて変化するため、水質も時間に応じて変化する。

一般的な水質変化は、降雨によって水位が変化した後に起こる。降った雨の量にもよるが、最大雨量になった時刻の二～三時間後に流量がピークに達することが多い。このような増水した水の多くは、流域の土壌や岩石などとほとんど接することなく渓流に流れこむので、渓流水中のイオン濃度は低くなる傾向がある。その結果、渓流水の電気伝導度も下がってしまう。しかし、雨によって水量が増加するということは、H^+イオン濃度も増加するということなので（雨は酸性化しているので）、pH値は低下する。緩衝能力の低い土壌の上に形成された森林域を流れる渓流では、このpHの低下がさらに大きくなってしまう。その結果、渓流はかなりの酸性となり、渓流水中のアルミニウム量が増加してしまうこともある。

このような降雨による水量増加の影響は、多くの場合、短時間で終わる。しかし、雨が降らずに流量が少なくなったときの影響は、長く続くことが多い。

流量が少ない場合、渓流水の電気伝導度は少し高くなっている。水涸れが起こっているときも、土壌水中のイオン濃度は高くなっている。水涸れが起こっている状態のときに大雨が降ると、H^+イオンが大量にもたらされることになるので（雨は酸性）、土壌水中に存在している多くのイオンとの間で生物鉱化作用（微生物が炭酸塩やリン酸塩をつくること）や硝化作用（微生物がアンモニアから亜硝酸や硝酸をつくること）が起こり、渓流には大量の硝酸塩などがもたらされることになる。

このような渓流水の水質変化は雪によっても起こることがある。空気中に存在している硫酸イオンや硝酸イオンは雪に吸着し、その雪がイオンを伴って地表に降り注ぐ。冬に積雪量が多くなるような地域では、積雪の中にそのイオンがたまっていくことになる。その後、春になって雪解けが始まると、たまっていたイオンが雪解け水に溶けた状態でいっきに渓流に運ばれることになる。積雪期間が長いと、積雪の中にたまったイオン量も多くなるため、雪解けによって流出するミネラルによる影響を受けて、渓流は一時的に酸性化してしまう。

水生昆虫による水質判定

川には、細菌類・藻類・プランクトン・水生植物・底生動物・魚類など多くの生き物が暮らしている。しかし、一般的に、生物保全のシンボルとして取り上げられるのは、生息がすぐに確認できる魚類などの大型生物である。水辺を好む昆虫では、ホタルやトンボなどの昔から人々になじみのある生き物である。それ以外の生き物は存在すら知られていない場合がほとんどである。

河川環境の指標として、水の中に生息する生き物を用いることがある。よく知られていて目につきやすい魚を用いるのがよいと思われるかもしれない。しかし、魚類は移動距離の長いものが多く、特定区間の河川環境を直接反映できる種類が少なく、あまり有効な指標になりにくい。また、細流などでは魚類は生息しにくいため、河川環境を評価する生き物として用いることができない。

生き物以外でいうと、川の中に少し茶色がかっている石がよく見られる。この茶色いものは藻類である（石にくっついているので付着藻類という）。この付着藻類は移動しないうえに、細流などにも生育しており、さらに種数も多く、水質に対する指標性も高い。だから河川環境を評価する生物として、ものすごく適しているのだが、例えば一〇センチメートル程度場所が変わっただけで、生育している藻類群集ががらりと変わってしまうことがある。だから、局所的な評価には適しているが、ヒューマンスケール（人の視界に入る景観スケール）で河川を評価するにはあまり適当ではない。

水生昆虫を中心とした底生動物群はその中間的な性質をもっており、ヒューマンスケールで河川環境を最もうまく評価できると考えられている。水質が悪化すると底生動物相は大きく変化する。この特性を利用して、生息している昆虫の種類により、その地点の水質を「きれいな水」「すこしきたない水」「きたない水」「たいへんきたない水」に判定することができる。例を挙げると、カワゲラやカゲロウは「きれいな水」に生息する底生動物、ヒラタドロムシやカワニナは「すこしきたない水」に生息する底生動物、タニシやヒルは「きたない水」に生息する底生動物、アメリカザリガニやエラミミズは「たいへんきたない水」に生息する底生動物になる。

川の生き物たちのさまざまな生息地

これまで見てきたように、川の形は、地質・土壌・地形・緯度・標高・土地利用・渓畔林植生・渓流内の構造などによって決まってくる。まったく同じ川はないといっても過言ではない。皆さんが目にする川は、ほかの地域の人が見ている川とはまったく違うのだ。同じ川であっても、あなたが見ている川の中と少し離れた場所であなたの友人が見ている川の中も違っている。それはつまり、生息地の状態が異なっているということでもあり、当然、そこに生息している生き物も、場所によっても川によっても異なっているということでもある。ここでは、生き物の例を挙げながら、さまざまなタイプの生息地の特徴を紹介する。

渓流の生き物のおもな生息地

水の流れ方は渓流によって大きく異なっている。渓流は、斜面に沿って同じように一方向にのみに流れているのではなく、途中で枝分かれしたり合流したりしながら流れている。また、水の流れは、岸や河床にある土壌などの物質を剝ぎ取り、それらを下流に運搬する役目を担っている。渓流は絶えず物理的な環境を変えているともいえる。

渓畔林との関係性も渓流によって大きく異なる。なぜなら、渓畔林の植生は流域によって異なるからである。さらに、同じひと続きの川であっても、上流と下流では渓畔林と渓流の関係性が異なってくる。上流域では、渓畔林と渓流は密接に関連しており、この関係性が陸から渓流への一方通行となっている。また、上流域では、渓流にもたらされた落葉から溶存有機物や粒状有機物が生成されている。生成された溶存有機物や粒状有機物は、川の流れに乗って上流域から下流域に向かって移動していく。

河床にある岩や砂の大きさ、渓畔林植生、流速、水質などは上流から下流にかけて変化するが、この変化の程度も渓流によって異なる。また、流速の変化や物質の流入・流出における季節変化にも渓流による違いがある。地質の状態も渓流によって変わってくる。

ここでは渓流の生き物の生息場所について、いくつかピックアップしてみよう。

まず、一般的な渓流における生息地には、粗い砂や小石からなる河床基質があり、浅瀬があり、瀬—

淵構造があり、河床にはさまざまなタイプの空間ができている。このような生息地は、多くの場合、渓畔林に囲まれている標高の高い場所に存在する。

次に、水がひたひたと流れている場所だが、このような水の流れが起こるのは、岩などの表面に水が薄く広がっているようなところだ（図1－16）。水の流れが速い場合は、岩の表面に生き物が生息・生育することはめったにない。しかし、流れが遅い場合はコケや藻類が生育していて、藻類が生き物の栄養源となる。また、このようなところに生息している生き物は、渓流の水際線のちょっと上の湿った場所や、後述する急流のしぶきがかかるような場所でも生息することができる。

三つ目は湧水だ。地下水が地上に湧き出てくる場所で、地下水圧と大気圧とが平衡する高さが地表より高い場合、あるいは浸透性のない岩石があるために水が地表に押しやられている場合にできる。湧水は、水量・水質・水温などが年中おおむね一定となっている。このため、湧水にいる生き物の生息状態は、地下水の水質の指標にも使用することができる。

湧水に生息できる生き物の種数は少ない。また、湧水はほかの渓流から隔離されているため生き物が移入しにくいうえに、餌自体が不足しているため、多様性も低くなる。しかし、多様で独特な生き物が生息している湧水もある。日本固有亜種の魚であるハリヨは清らかな湧水に生息する。

地熱があると湧水は温泉のような状態になることがある。しかし、いわゆる温泉の水質は、基本的には湧水とは異なっている。こういった水温の高い場所に生き物が生息できるかどうかは、水質ではなく水温がネックとなる。ある種の甲殻類などは、五〇℃を超えても生息することができるし、六〇℃でも

図 1-16　渓流の生き物の生息地のひとつ

岩盤の上を渓流水が流れる。落葉で岩盤がかくれている。

生息できる線虫も存在する。しかし、一般的には水温が四〇℃を超えると生き物はほとんど生息できない。

四つ目は急流のしぶきがかかるような場所（図1－17）で、こういった場所は山岳地帯でよく見かける。水が流れ落ちるところには、多かれ少なかれ水しぶきがかかる部分がある。このようなところには、その環境に適応した独特の生物相が広がっている。

いわゆる急流に生息するといわれている多くの生き物は、実際には急流に直接さらされて生きているのではなく、急流にある岩の下に生息していたり、餌を食べるときだけ急流に出てきてそれ以外は流れの裏側に避難していたりする。急流では、流されたり、場合によっては命を失ったりする可能性がある。そのように過酷な場所ではあるが、それ故に捕食されるリスクの低い場所であり、良質な生息地ともいえる。

急流近くでは、水しぶきによってコケが生育していることがある。このコケも生き物に生息地を提供している。

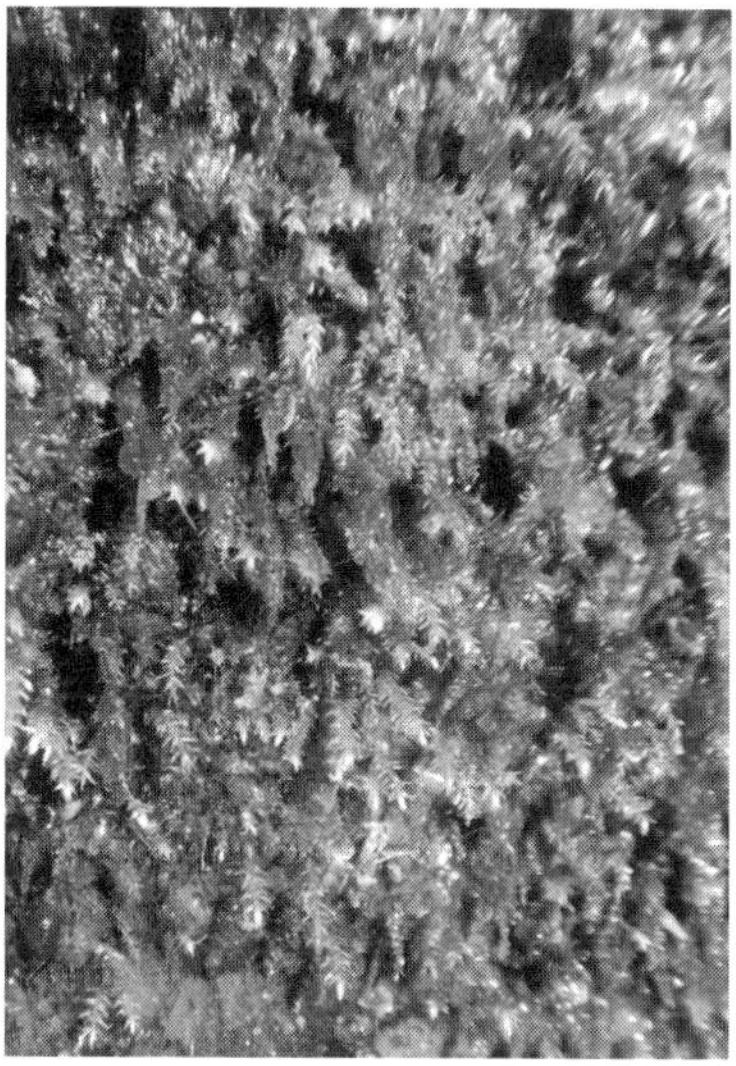

図1-17　急流近くの環境
コケのついた岩に水しぶきがかかっている。

高標高、高緯度

渓流に生息する生物群集は、大局的に見ると、異なる渓流であってもよく似ている。しかし、高標高や高緯度にある渓流に生息している生物相は、渓流によってまったく異なってくる。このような場所では水温がとても低くなるため、餌となる生き物の数が少なくなり、その結果、生息できる生き物が限られてくるからだ。こういった過酷な環境では、一般的には多様性も低くなる。しかし、温暖な気候になる夏の短い期間だけは、藻類などの生産性は高くなる。よって、藻類を餌とする生き物も増える。

こうした場所の渓流水は、おもに氷河や雪などが溶けた水から構成されている。氷や雪に含まれている無機物質によって白く濁っていることが多く、冷たい。よって、生息できる生き物の種数は少ない。しかし、ユスリカの幼虫のように標高五〇〇〇メートル以上でも生きていけるものもいる。ちなみにこのユスリカは、氷河の下に生育するシアノバクテリア（酸素を発生する光合成を行う原核生物、藍藻）などを食べている。

雪は渓流に注ぎこむ光を遮断するので、積雪の厚さと渓流中の有機物の生産量との間には負の関係ができている。だが、氷は半透明なので、藻類に基質を提供するだけでなく、有機物を生産するための光をもたらすこともできる。そのため冬の間に川が凍っていても、多くの底生動物は困らない。餌としての藻類が存在するからだけでなく、氷の存在によって水が流れている空間が狭くなっても、より深い氷のない空間へ移動できるからだ。

高山地域では、森林限界よりも標高の高いところから渓流が流れていることがある。このような渓流

図1-18　流れがとぎれる場所（奈良県弥山川）
土砂で流れが見えなくなった川。

は、森林による日陰や森林からの落葉の供給がある環境下を流れる渓流とは、多くの点で異なっている。生息している生き物の種数も少なく、コカゲロウやユスリカのような小渓流環境に特化したものが多い。

渓流の流れがとぎれている場所

こういった渓流は、乾燥ぎみの気候のところでよく見られるが、日本にもたくさん存在する。三カ月以上、水が流れていない場合が多い（図1-18）。水の流れが川の途中で消えていても、土の少し下を水が流れている。また、川の下に存在する河床間隙水域にも水は存在している。

流れがとぎれている状態の期間が数カ月程度と短い場合、その渓流に生息している底生動物相は、常時水が流れている渓流に生息している底生動物相と類似している。しかし、短期間しか水が流れないような渓流では、限られた種が生息しているだけである。ある種のユスリカなど乾燥から逃れるための休眠ができる種や、他の生息地に移動する能力が高い種は、このような水がない環境下でも生息することができる。水のない期間が長いと、多くの生き物は渓流からいなくなってしまうが、雨が降って渓流に水が戻ってくると、どこからともなく他の渓流に生息していた多くの生き物が移動してくる。

湖やダムから流出する河川

湖やダムからは、無機物・有機物や植物・動物プランクトンなどをたくさん含んだ水が流出してくる。だから、ダムや湖から流れ出た水からなる河川では、流れてきた栄養分をもとに藻類が繁茂し、プランクトンなどを餌として食べる底生動物も集まり、繁殖を繰り返すことができる。そのため、ダム（湖）流出河川では生産性の高い生物群集ができる。また、湖やダムから流出する水は暖かく、この暖かさも生き物の個体数が多くなる要因になっている。

湖やダムなどからの流出河川で生じる影響の度合いは、流れ出る水の量と関係している。小さなダムや湖からだと目に見える影響はほとんどないが、大きなダムや湖からでは、数キロメートル下流でも目に見える変化が起こっている。湖やダムは降雨による川の流量変動を抑制できるため、流出河川の水位は安定する。そのため、湖やダムから流れ出る河川では、シマトビケラのような網をつくるトビケラ幼虫が優占し、個体数が多くなるのだが、数キロメートル下流でもその影響が続くのである。これは、その生息地の多様性に負の影響を及ぼすことになる。しかし、下流に向かうにしたがって、湖やダムなどの影響は徐々に減少していく。湖やダムの影響が少なくなると、流水に含まれる浮遊粒子の質や量も変化する。底生動物相も下流に向かって緩やかに変化していくことになる。

現在、自然の湖から流れ出る川は世界的に少なくなっている。水力発電、洪水調節、灌漑などのさまざまな目的で、湖を貯水池として使用したりダムを建設したりしているからだ。人工的な貯水池から流れ出す水の流れは滑らかだが、自然の湖から流れ出す水の流れは、岩が存在したりして変化に富んでいる。また、洪水が起きた際、自然の湖からは巨石が流れ落ちる可能性があるが、人工的な貯水池ではそういったことは起こらない。このような違いも、生物相に大きな影響をもたらしている。

氾濫原のある大河川

降雨や雪解け水によって川の水が増えると、通常の流路の外側の部分にも水が流れるが、この部分を氾濫原という（図1-19）。氾濫原が存在するような川は大河川である。大河川では、水の流れ、河畔林域、流域、地形、気候、そしてそこに生息する生き物などが複雑にからみ合わさって生態系が形成されている。そして、その多くは、形成されてから長い年月が経っており、年月とともにこれらの要素が変化して今日に至っている。

一般的に、大河川の下流域では流量が増加する。しかし、流量の増加のわりには川幅が広くならないことが多い。そのため、下流域の流速が上流域よりも速くなる傾向にある。流れがあるので、水温がば

図 1-19　氾濫原のある川（和歌山県新宮川）
大きな川の河口付近（上流を向いている）。

らついたり酸素不足になったりすることはない。また、下流域では、水質が悪化していたりシルトがたまりやすかったりするなど、さまざまな理由で水が濁っていることが多く、光合成ができないなど一次生産量の減少につながっている。そのため、下流域では自ら有機物を生産しない従属栄養的な生き物が比較的多くなってしまう。下流の河床基質は粒径が細かいため不安定になることが多い。河畔林植生からもたらされる倒木、根、枝、小枝などがあると比較的安定した生息地が形成されやすくなるため、これらは生き物にとって非常に重要となる（図1-20）。

氾濫原では、樹木が育っても森林が形成されることはめったにない。上流からの影響は小さく、周囲の土地から土砂や栄養分がもたらされるなど、横方向の関係性が強くなる。

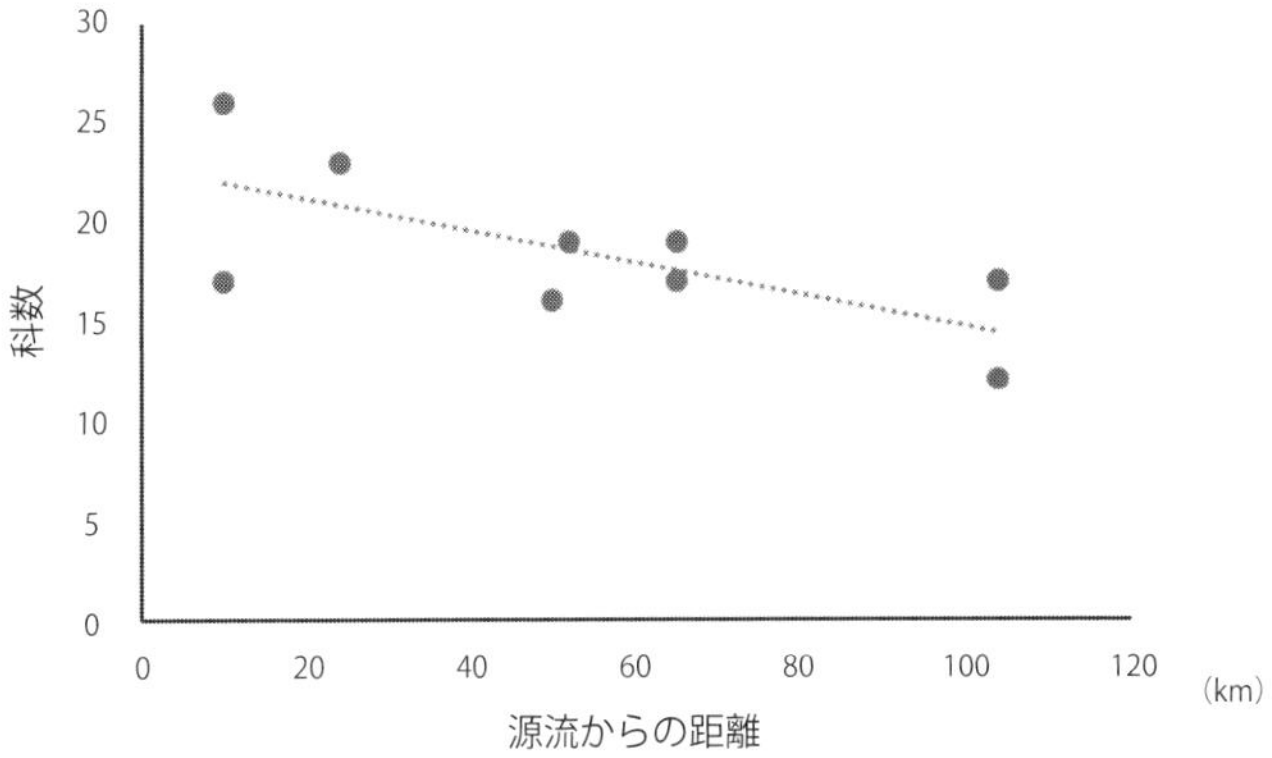

図 1-20　源流からの距離とそこに生息する分類群数
源流域に生息する生き物の属数は多様であるが、下流になるにしたがって生息している生き物の属数は減少する。図は、源流からの距離と科数との関係を示す。

このような場所に生息できる生き物は、流量の変化にうまく適応することが可能な生き物である。例えば、魚類は水量の変化に応じて生息場所を移動している。水が低酸素になったり水温が高くなったり水が涸れたりすることに対する適応能力をもち合わせている生き物が、生息できるのである。

下流域に形成される河畔林域は、洪水などによって定期的に浸水されるので、季節的に水位が上がることを見越して、その環境に応じた樹種が生育している。また、洪水などによって、河畔林域には多くの栄養分がもたらされている。例えば、栄養分に富む雪解け水が大量に下流域にもたらされると、河畔林は栄養分に富んだエリアになる。しかし、上流にダムなどの貯水池があると、上流からの栄養分に富んだ水が下流域にもたらされなくなってしまう。その結果、下流域が浸水することがなくなり、肥沃な河畔林域の形成もできなくなるため、河畔植生の発達が大きく妨げられてしまう。

乾燥地域の河川

乾燥地域を流れる川は、湿潤な地域の川とは多くの点で異なっている。まず、乾燥地域では定期的に雨が降らない。そして、降るときは一気に降るので、流量の変動が大きくなり水量の予測がしにくい。

もう一つ大きく異なっている点は、川岸に植生がないということである。渓畔植生がないので、川への落葉の流入がなく、水温が高くなり、藻類や水生植物による一次生産量が高くなる。また、栄養分の流入が少ないので窒素分が不足することが多い。さらに、水の蒸発量が多くなるため、地域によっては塩分濃度の高い川になってしまう。

乾燥地域を流れている川を灌漑目的で利用すると、塩分濃度がさらに濃くなるという事態が生じる。大規模な灌漑によって湖水が干上がってしまい、湖に流れこむ主要な川が単なる塩水の細流になってしまった典型的な例が、アラル海である。近隣の村では、干上がった湖底から舞い上がった砂によって、健康被害も生じている。

こういった川の水量は、流域面積のわりに少ないので、洪水を引き起こすような暴風雨が起こると、川に強い影響をもたらす。洪水が連続して起こると、強い流れによってほとんどの生き物が流されてしまう。このような環境に生息できる生き物はあまり多くないため、基本的に多様性は低いが、コカゲロウなど攪乱に強い一般的な種が生息していることもある。

そのほかの生息地

気候や地形が著しく異なっていると、気温や降水量も異なり、それによって川の流れのパターンや渇水の状況も変わり、渓畔林植生も異なってくる。景観パターンやそこに生育する植物や生息する動物も大きく異なる。

降水量が少ない地域では、季節によっては川の流れがなくなることがある。しかし、そうした地域であっても、高緯度や高山では、冬に多くの雪が降るため、融雪によって春先の水量が多くなる。その後融雪がなくなると、水量が減少していくが、干上がることはない。一方、熱帯雨林が存在するような低緯度地域では、基本的に降水量が多いので、生産性が逆に低くなり、貧弱な生息地になってしまう。

温帯地域では比較的降水量が多い。上流域は傾斜が急で、渓畔林で覆われていることが多い。川の流れの中に渓畔林の樹林が倒れると、渓流内の生息地構造に大きな変化が起こり、平坦だった河床に障害物が形成されることになるため、平らな流れが階段状の流れに変わり、多様な生息地が形成されるので生物相も豊かになる。

大海原で大噴火が起こると島ができることがある。一度も陸とつながったことのない海洋島である。この島にも雨が降るので川ができる。海洋島の川は、短く急で、高次の川を形成することはない。流れが短いと、陸域から川にもたらされる栄養分の保持力も低くなるため、多くの有機物はすぐに海に失われていく。ここでは、風を利用してやってくる植物の種・微生物・昆虫、鳥の糞の中にある種や微生物、海を浮遊している物体にくっついて流れ着いた生き物などが生息することができる。日本の海洋島は、東洋のガラパゴスといわれる小笠原諸島で、多種多様な固有種がたくさん生息している。小笠原にも川があり、エビやカニなどの甲殻類、トビケラやユスリカなどの水生昆虫が生息している。オガサワラヌマエビなどの固有種も生息しているが、カワゲラやカゲロウは今のところ生息していない。

南極の川

南極にも川がある。南極の川は、河床が完全に干上がることがあるという点で、ほかの地域にある川とは根本的に違っている。川の本数や川幅も常に変化している。水が流れている期間は年間で一〜二カ月程度である。しみ出る程度の水しかない川もある。基本的に森林がないので川には多くの光が降り注ぎ、シアノバクテリアが河床を覆っており、微生物マットができている。川の上流域では、微生物により生産された有機物の量や溶存している栄養分の量は、温帯の渓流と同じぐらい多い。しかし、樹木が存在しないので、落葉の供給などの陸域から川への栄養分の流入がない。そのため、川の中の生き物は、川に存在している栄養分にのみ依存して生きることになる。よって上流から下流に向かって、川の栄養分は徐々になくなっていく。

南極大陸では、生き物の数がそもそも少ないのだが、微生物の数は多い。一日の平均気温が五℃程度という低温であっても、藻類、菌類、原生動物、線虫、緩歩動物などからなる南極の生き物は、クリプトビオシス（活動を停止する無代謝状態）などの方法を使って、寒く乾燥した状態を生きのびることができている。

氷河が溶けた川

地球温暖化によって、世界中の氷の塊が徐々に溶けている。北極や南極の氷も徐々に溶けている。氷河の面積も減少している。この氷河が後退しているような場所では、新しい水の流れができるため、生息地も新たに形成される。こうした場所では、川の水温が上昇するにしたがって種数が増えるなど、そこに生息する生き物の群集構造が、単純なものから複雑なものへ変化していくのを見ることができる。

氷河からできる流れには、ほかの一般的な流れとは異なる性質がある。まず、氷が溶けて川の流れが形成されるので、水温は一〇℃未満と低い。そして、氷が溶けるのと同時に氷に閉じこめられていたシルトなどの物質も渓流の中に放出されるので、溶存している栄養分の濃度は低いが濁度は高くなる。氷の融解は季節的なので、水量は季節によって変化する。また、気温の影響も受けるので、氷河の融解も午後に多くなる。そのため、川の水量は午後遅くに最も多くなる。氷河は、昼間に溶け出すが夜になると再び凍結するため、水量・水温・水質などが日々変動する。このような場所では、流域の植生や土地利用の状態よりも渓流内の物理的プロセスのほうが生き物に大きな影響を与えていることになる。

環境と生活史

環境は、生き物の生活史を大きく変える。体を小さくして急速に成熟したり、卵や幼虫段階で休眠を行ったりするのは、与えられた生息地をとりまく環境への適応の一つである。例えば、秋から冬にかけてのみ渓流ができるようなところに生息しているカゲロウは、渓流ができる晩秋に卵が孵化し始めるが、孵化の期間が非常に長く春まで続く。晩春になると渓流はなくなるため、春になっても孵化できなかった卵は、その卵が存在している場所が多少湿っている状態であれば、休眠により夏をしのぎ、次の秋に孵化するという戦略をとっている。

カゲロウよりも冷たい渓流にいるカワゲラも、卵や幼虫段階における数カ月間にわたる休眠によって、暑い夏をしのいでいる。

コラム　渓流で注意すること（渓流遊び、釣りなど）

私が渓流で調査する際、気をつけていることがいくつかあります。まず、足まわりの準備です。足を保護するために、調査の際は長靴か胴長をはきます。夏場だと、サンダルのほうがいいんじゃないか、と思う人もいるかもしれませんが、足の上にとがった石や重い石が転がってくると大けがにつながります。また、水の中にずっと足を浸けていると足が冷えてきます。足の感覚が鈍ると、とっさの時の行動をとれなくなります。

次に、移動時、滑らないように気をつけることです。特に藻類が付着しているところは非常に滑りやすいので、足元には気をつけなければなりません。また、川の中では、長靴や胴長の中に水が入らないように注意する必要があります。いったん水が入ってしまうと、動けなくなり、おぼれてしまうこともあるからです。特に胴長は胸まで覆っているので、川の中で転倒すると水が胴長の中に入りこんできてとても危険です。一九九八年、千曲川（長野県）で胴長着用で藻類の調査を行っていた学生が水深三〇〜四〇センチメートル程度のところで転倒し、そのまま二〇〇メートルほど下流に流されるという事故がありました。約一〇分後に救出され、すぐさま蘇生が試みられましたが、残念ながら死亡してしまいました。

また、熱中症や脱水症対策も必須です。特に夏。帽子をかぶり、肌を露出しない服装でこまめな水分

胴長と長靴、胴長の靴底には、すべり止めの厚いフェルトが貼ってある

の補給を行います。体の表面を覆うことで、夏場は日射による疲労を避け、冬場は体温の低下を防ぐことができます。また、とげやかぶれる生物から体を保護し、転んだ際のけがの程度を軽減させることができます。

野外調査では、ハチやクマなどの危険な生物に遭遇することもあります。しかし、彼らの行動を把握してテリトリーに近づかなければ、傷を負うことはほぼありません。

スズメバチに刺される被害は秋に集中して起こります。それは、この時期の巣の中にはたくさんのハチがいるからです。また、翌年に向けて新女王やオスのハチが育てられており、警戒が高まり、ものすごく敏感になっています。近くに巣があることに気づかずに、声や足音などの振動を与えると、襲ってきます。巣を見つけたら絶対に近づかないのは当たり前ですが、巣が見あたらなくても、スズメバチを頻繁に見かける場合は近くに巣があるということなので、そのあたりに近づいてはいけません。ただ、春先などスズメバチが一匹でゆっくり飛んでいる場合は、単に餌を探していることが多いので、何もせずに放っておくとそのまま飛び去ってくれます。スズメバチは黒い色に反応して攻撃するため、秋には白など明るい色の服装がいいでしょう。また、香水や整髪料はハチを興奮させることがあるのでやめたほうがよいでしょう。

クマに遭遇することもあります。特に、冬眠から目覚めた春は空腹のため、冬眠前の秋は冬眠にむけて脂肪を貯える必要があるため、ドングリを探してうろうろしています。さらに、朝夕の薄暗い時間は活動が活発になります。でも、クマは、人がいることを認識すると、基本的にその場から立ち去ります。人のほうに近づいてくる場合は、こちらが人であると認識していないことが多いのです。ですから、クマに人間の存在を知らせるために、鈴や笛を鳴らしたり、ラジオをつけたりするようにします。また、

ツキノワグマ

クマの出没している地域では、クマの活動が活発になる明け方や夕暮れ時の行動は避けるようにします。クマの糞や足跡を見つけたら、すぐにその場から引き返しましょう。子グマを見つけたとしても近づいてはいけません。近くには母グマが必ずいるので大変危険です。そっと立ち去りましょう。

クマに出合ってしまった場合、立ち去る際はクマから目を離さずにゆっくり離れます。驚いて背を向けて走って逃げたり、大声で怒鳴ったりすると、クマは自身を防衛するために攻撃してきます。また、動かないでいると、クマに襲われる危険性が高くなります。クマが逃げずに近づいて

きたら、車の中などのすぐに避難できる場所に退避します。退避場がないときは、石の上などに立ち、自分を大きく見せて大きな声を出して威嚇します。クマ撃退用スプレーがある場合は、三〜五メートルの位置まで接近してきたら、クマの顔をめがけて全量を一気に噴射します。

動物だけでなく、人間による被害の可能性も軽視できません。狩猟が行われている場所や時期には、自然界にはあまり存在しない目立つ色の服を着て、自分が人間であるということをアピールする必要があります。

コラム　河川の分類

河川法では、河川は一級河川・二級河川・準用河川に分類されます。

一級河川とは、国土を保全する上でまたは国民の経済を豊かにする上で特に重要と判断された水系のことで、国土交通省令により、国土交通大臣が水系ごとに名称・区間を指定しています。全国で一〇九水系が指定されています。一級河川は、国土交通大臣の直轄によって管理を行う河川と、政令によって区間を指定して当該都道府県知事に管理の一部を委任する河川に分けられます。

二級河川とは、公共の利害に重要な関係性のある河川のことであり、一級河川の水系以外の水系の中から、都道府県知事が指定して管理を行っています。

一級河川や二級河川以外の河川で、公共性の見地から重要と考えて市町村長が指定するものを、準用河川といいます。河川法で指定されていない小川などを、市町村長が準用河川に指定して管理することもあります。

どこにも管理されていない場合は、河川法の適用を受けない普通河川として扱われます。国有林内を流れる渓流の管轄は林野庁になりますが（町村有林の渓流は町など）、一般的に、渓流は普通河川になります。

コラム　生活史と生活環

生活史は、生き物の一生の変化、つまり、どのように生まれ、育ち、繁殖し、死ぬかを表すときに用いる言葉です。最近では、自分史を書く人もいますが、それと同じです。食べ物の種類、捕食者の有無、寒さ・暑さ・乾燥といった環境に対してどのように対応していくかといった各個体が生きていくための戦略の歴史です。

両生類以上の脊椎動物の場合、親子が一緒に暮らしていたり、成体になっても生活が大きく変わらなかったりするため、ほとんどの生き物の生活史は大まかにはわかっています。しかし、無脊椎動物の場合、幼生が変態して成体になるものが多いだけでなく、生活様式も幼生と成体で大きく異なっています。また、飼育によって成長を追うことも困難なため、多くの生き物の生活史は未知のままです。

節足動物である昆虫は比較的よく研究されていますが、それでも分類群によっては全くわかっていないものもあります。渓流域に生息するカゲロウやカワゲラ、トビケラなどの幼虫は、川の指標生物としてよく研究されていますが、成虫の行動はわかっていないことも多く、チョウに比べると、生活史は全く解明されていないといっても過言ではありません。さらに成虫と幼虫の対応がとれず、種名が確定していない水生昆虫はたくさんいます。どの程度解明されているかは、その分類群の研究者の数にも影響を受けています。

生活史は生態学的な視点に立った言葉ですが、生活環は世代交代など、生殖にかかわる部分を中心として細胞や遺伝子の変化に焦点をあてた言葉です。ある個体が卵から成虫になるまで形態的・生理的に変化していくことを生活環といいますが、種が同じであればすべての個体が同じ生活環をもつことになります。

第2章

流水をいなして生きる生き物たち

陸上も水中も、土壌や河床という地面の上に流体（空気という気体や水という液体）が存在している空間で、同じ構造といえる。つまり、陸生生物も水生生物も、この同じ構造の中に生息地があるといえる。しかし、水は空気より密度が高い。よって、地面と接することなく浮遊して生きることが可能な生き物の数が多くなる。浮遊して生きることが可能というのは、能動的に移動しにくいということでもある。水生生物は陸上生物よりも移動するのが大変なのである。また、川の水は「流れ」という力が働くので、自らの意思で止まっていることも困難だ。ここでは、生き物が水の流れにどう対処し利用しているのか、例えば、流れから避難したり餌をとる場所を変えたりという、どちらかというとその場しのぎの行動について紹介したいと思う。ここからは、生き物自体の生態に迫っていく。巻末の付録も参照しながら読んでほしい。

攪乱を耐え忍ぶ

流れに対処するというのは、生き物が流されず、その位置を維持できるということである。多くの生き物は、流れを避けることができるごく小さな生息地を見つけ、流れの変化に応じて少しずつ体の位置を変化させている。

例えば、タニガワカゲロウ属は、大きな頭を少し下げて体の流線形をつくり、流れの変化に対応している。流れの向きが変われば、向き合う角度を少しだけ変える。流れが速くなれば、より確固とした流線形をつくるなど、頭を下げる度合いを流れの状態によって変えている。

流水に棲む生き物は、流れに関するさまざまな問題に対処するため、環境刺激に応じても能動的に動いている。その中には光に対する反応（走光性）も含まれる。流水中で生育している藻類は光に照らされてキラキラしている。よって、藻類を餌としている底生動物の中には、強い正の走光性（光に集まる）をもっているものがいる。しかし、ほとんどの底生動物は負の走光性をもっていて、明るい光を避けて石の下に移動している。これらの生き物が採餌などのために河床基質の上面に出てくるのは、多くの場合、日が暮れてからとなる。しかし、生息している場所で酸素が少なくなると、たとえ日中であっても、酸素を求めて流れの速い場所に移動してくる。

流れに向かっていこうとする走流性や河床や石に接触しようとする接触走性も、流れに対処する方法の一つである。多くの両生類や甲殻類は、負の走光性・正の走流性・正の接触走性をもっており、明るい光を避け、上流方向に移動し、割れ目の中や石の下に入りこもうとする傾向にある。

ところで、水生昆虫は、おもに二つの方法で呼吸のための酸素を得ている。えら呼吸とプラストロン呼吸である（呼吸については、第3章の「外部の環境への適応」を参照）。えら呼吸をしている水生昆虫は、水の中に溶けている酸素をえらを使って体の組織に拡散させることによって酸素を得ている。もし水生昆虫が流れのない場所にいて何もしないでいると、水に溶けている酸素が生き物のまわりから時間とともにどんどんなくなっていくことになる。よって、彼らは水の流れがある（つまり多くの酸素が溶存している）場所に移動しなければならないのである。えらをもっていたり、プラストロン呼吸ができたり、流れの速い場所でも困難なく生息できたりするような生き物にとっては、酸素を補給するのはそう難しいことではない。しかし、流れが遅かったり、水が汚染していたり、水温が高かったりすると、川の水の溶存酸素濃度が低くなるため、水生昆虫は生息しづらくなる。また、成長に伴って代謝が活発になるため、必要となる酸素の量も徐々に増えていく。このような場合、自ら新たな水流を生み出して水の中の酸素量を増やさなければならない。

多くのカゲロウ幼虫は、腹部のえらを河床にたたきつけることで新たに水流を生み出している。体の大きなカワゲラは、腕立て伏せをして水流を生み出し、脚の付け根にあるえらに新鮮な水を送りこんでいる。トビケラ目や双翅目の幼虫の体はイモムシ型をしているが、腹部を中心に体全体が波うっており、存在するだけで水の動きが生じるような形態をしている。巣をもつ幼虫は巣の中で腹部を動かして、巣の中を通る大量の水を一方向に動かしており、この水の流れによって呼吸を効率的に行うことができる。この能力があるおかげで、トビケラは止水域にも生息地を広げることができるのである。

このような行動は、酸素レベルが低かったり、流速が遅かったり、水温が高かったりすると頻繁に行われる。しかし、呼吸のための行動は、酸素獲得のためには必要であるが、エネルギーを消費するうえに、餌をとるための時間を呼吸活動にあてなければならないため、コストがかかる。だから多くの場合、流速の遅い場所から少し速い場所へ移動して酸素を獲得している。この方法は、コストがかからないだけでなく、特殊な行動ができない（手段をもたない）生き物も使うことができる。

呼吸のための行動や生息場所の移動を行っても必要な酸素量を確保することができないときは、積極的に激しい流れの中へ突入することもある。水生昆虫は、激しい流れの中へ積極的に入り、あえて流される（ドリフト）という行動（後述）をとることもあるが、これも多くの酸素を得ることのできる場所に移動するための手段の一つになっている。

また、洪水などが起こると、渓流の脇にある渓畔林が生育しているエリアも川となることがある。そして、この一時的に水が流れる場所にも水の中の生き物が流されてくる。このような生き物は、いつかは水の流れがこの場所からなくなるという事態に何らかの形で対処しなければならない。

水がなくなった際には、土壌の下を流れている地下水の流れを利用して川に戻るという方法もあるが、水生昆虫ではあまり利用されていない。湿り気のある土壌の中に潜りこんでおき、次に水がやってくるまで耐え忍ぶという方法もある。この方法は、休眠などの生理的な適応方法を使うことができる生き物にとっては、生存期間を延ばすことができるよい選択肢になる。でも多くの場合、水が少なくなると、土壌の傾斜などを頼りに川に向かって歩いていく。

流れからの待避

川の水は、上流から下流に向かって常に流れている。しかし、その流れに沿って、生き物が上流から下流に集まってくるということはない。それは、流れる水に対して、生き物が何らかの形で流されないように対処しているからである。もし集まってきていたら、川の下流域は生き物で覆いつくされているだろう。水の中の多くの生き物は、流速がいつもよりも多少速くなっても流されることはない。流れに耐えることは、流水での生活に対処するためには必須だからである。しかし、水の流れに耐えるには多くのエネルギーが必要となる。一方、洪水になると、流れの強さは、生き物がもつ抵抗力をはるかに超えてしまい、耐えることができない。こういった場合は、流れを回避するという、もう一つの対処手段をとることになる。

川の深さが五〜二〇センチメートル程度の場合、川の中にいる底生動物の密度は高い。特に、甲殻類、ミズミミズなどの貧毛類、ユスリカ類の個体数が多くなる傾向にある。これらの生き物は河床に存在する砂などの中に潜りこんでいることが多い。コカゲロウやヒラタカゲロウ、トビケラなどの水生昆虫の個体数も多いが、これらは砂の中に潜りこむのではなく、通常、河床基質の上に生息している。

河床基質の上には、通常、厚さ数十マイクロメートル（一マイクロメートルは〇・〇〇一ミリメートル）のフェルト状の藻類の層ができている。河床基質の上に生息している底生動物は、この藻類の層を含む薄い部分を利用することができる。この藻類の層は粘性で、体の大部分をこの藻類の層の中に入りこませることができるが、かなり薄いため、背面が見える状態になっている。そのため、多くの底生動物は、この層の中でじっとしているしか方法はないことになる。動くと捕食者に見つかってしまうからである。しかし、たとえそのような行動をとったとしても、層からはみ出た部分は、かなり複雑な流れを経験する。生き物は、このようにして流れに一生懸命耐えているのである。

岩の下や河床間隙水域は、河床基質の上よりも流れへの露出が少なくなるので、生き物の避難場所となり得る。しかし、付着藻類、落葉、懸濁粒子など、多くの生き物の餌がたくさん存在しているのは河床基質の上となる。こうした餌を得るためには、河床間隙水域などから河床の上に出てこないといけない。河床間隙水域ではこれらの餌を得ることができないので、恒久的な避難場所にはなり得ない。河床間隙水域に生息している場合は、河床間隙水域と河床基質との間を毎日行き来しなければならないことになる。

もし、すべての底生動物が河床間隙水域を避難場所として使用しているのなら、洪水が起こった場合、河床間隙水域の生き物の数は増えると考えられる。しかし、洪水が起こると、河床間隙水域に生息していた生き物の五〇〜九〇％がいなくなっている場合がある。また、洪水の規模が大きいと、河床間隙水域のところまで河床が削られることがあり、河床間隙水域は必ずしも安全な場所とはいえない。甲殻類などは、洪水が起こると一メートル以上深いところに潜るようである。

洪水で渓流が氾濫すると、水の流れは横方向に広がっていく。つまり洪水が起きている間は、その広がった空間の河床が避難場所となっている可能性がある。しかし、洪水がおさまって横に広がっていた水の流れがなくなると、こういった生き物が立ち往生する危険性はある。実際に、洪水がおさまって水の流れがもとに戻ると、こういった場所にいた水生昆虫がもとの川に戻る姿を目撃することができる。もちろん、谷の狭い岩盤の岸で囲まれた渓流では、洪水が起こっても生息地が横方向に拡張することはない。

水生植物も、底生動物が流れから避難するための場所を提供している。冷涼な清流中に生育するバイカモや水質汚濁に強くさまざまな環境で生育するエビモなどには、多くの底生動物が生息している。底生動物は、葉が密集している場所やその周縁部を流れからの避難場所として使用している。

一〇センチメートル程度の石が河床にたくさん転がっているような場所も、流れからの避難場所として使用することができる。一般的に、ある場所に石が存在すると、その石の下流側では流れが弱くなっている。魚のような大きな生き物は、大きな石の下流側にできる流れの弱い場所を避難場所として利用している。小さな生き物も利用しているが、大きな石の下流側にはすでに魚などの捕食者が生息しているので、より小さな石の下流側や石の割れ目や石の穴の中を避難場所として利用する。

流れがないように見える淵でも、淵の岸に沿って水がゆっくり流れており、川底では水が不規則に動いている。この淵のように、流れが少なかったり流れがないように見える場所の川底も避難場所として有用である。こうした場所では、たとえ洪水時に流量が増加しても、流速はあまり変化しない。流れのゆったりした場所が存在することは、川に生息する生き物にとって重要であり、必要不可欠な避難場所となっている。

このように、流れの遅い場所は、流れからの避難場所として機能しているようである。しかし、そのことを証明するためには、洪水などで水量が増えた際に、生き物が能動的または受動的に流れの遅い場所に集まることを示す必要がある。川の水量が半年以上かけてゆっくり増えているような場合、水生植物が生育していたり、大きめの石が多い河床であったり、流れの遅い場所であったりすると、カワゲラなどの比較的大きい水生昆虫の個体数は、相対的に多くなる傾向にある。比較的小さい水生昆虫では、このような傾向は見られない。

流れから避難できるかどうかは、その避難場所の大きさにも依存している。たった一つの石があるだけの避難場所だと、局所的な弱い攪乱からは保護してもらえても、大きい攪乱の場合は心もとない。避難場所の規模が大きくなると、より強い攪乱からも保護してもらえることになる。

一つの流域には、上流から下流にわたってさまざまな流路形態が存在するため、さまざまな避難場所が形成されている。また、生息地の河床が多様であればあるほど、避難場所も多くなる。つまり、たとえ川の水量が多少多くなっても、川全体で見ると、避難場所は十分備わっていることになり、ある種が絶滅するようなことにはならない。また、成虫の時期には、それぞれの生息地内および生息地間で空間移動できるので、例えば産卵や孵化を場所的・時間的に分散することが可能になり、流域全体での個体群絶滅のリスクを減少させることができるのである。

流れを利用して移動する

水の流れがあると、意に反して、生息している場所から下流に流されることがある。しかし、水の流れを利用して、生き物自らの意思で下流へ移動することもある。幼虫の能動的な移動には、下流へ流される（ドリフト）、上流・下流・岸から遊泳する、河床を這うなどが含まれている。底生動物が下流へ移動する原因には、物理的・化学的・生物的な要因がかかわっていることが多い。成虫は、産卵や渓流に沿った飛翔行動、渓流間の空中移動ができる。こういった成虫や幼虫の分散能力や移動能力は、底生動物の種類によってかなり異なっている。

小さな移動と大きな移動

多くの底生動物は、毎日少しだけ移動している。まず、石の上と下を行き来している。日中は石の下に、夜は石の上にいる。この行動は、通常、カゲロウなど藻類を食べる底生動物（グレーザー）に多く見られ、摂食における日周パターンを示している。

また、捕食者から逃げるために小さな移動を行っている。餌の競合個体がいる場合は、餌を求めて別の場所に移動している。底生動物が小規模な移動を頻繁に行っているという事実は、人工的な河床基質を設置しても一日程度でその基質に定着する生き物が現れることからもわかる。

長期間にわたって生き物の行動を見ていると、その生き物の一回の移動距離や一日の移動距離などがわかってくる。巣をもつトビケラ幼虫の場合、若齢の間はほとんど移動しないが、成長すると一日に数メートル移動できるようになる。カワゲラの一日の移動距離は平均数メートル程度であるが、数十メートル移動するものもいる。藻類を食べる水生昆虫は、何日も同じところに密集して生息していることが多いが、ある日に一斉に移動する傾向がある。

大型の生き物のテリトリーは広いため、小型の生き物よりも広範囲を移動することになる。哺乳類や鳥類でも同じ傾向があるが、必ずしも魚類にはあてはまらない。小型の魚のカジカなどの行動範囲は限られているが、大型の魚ブラウントラウトの行動範囲も小さく、面積では一五〜五〇平方メートル程度、川の長さでは二〇メートル程度しかない場合も多い。

頻繁に移動するということは、遺伝子の交流（繁殖活動）もさかんに行われていることになる。そのため、移動を頻繁に行う個体群では、生息地による遺伝的な違いはあまり出てこない。しかし、カゲロウ、アメンボ、巣をもつトビケラなどの幼虫は大スケールの移動をあまり行わないので、一〇〇メートル程度離れただけでも、個体群どうしの遺伝的な違いが大きくなる。種によっては、同じ渓流に生息している個体群どうしのほうが異なる渓流よりも遺伝的な違いが大きくなることがある。なぜだろうか。

多くの場合、メスは一度に多くの卵を産み、その卵の多くは、ほぼ同じ空間と時間を過ごして孵化し幼虫になる。つまり、ある場所に存在する幼虫の個体群は、同じメスに産卵されたものが成長した結果となる。また、幼虫は渓流内をほとんど移動しないので、生息地が一〇〇メートル程度離れると、そこには異なるメスが産んだ卵から孵化した幼虫の群集ができている。そのため、一〇〇メートル程度離れただけで、遺伝的に異なった集団が成立するのだと考えられる。

しかし、多くの水生昆虫の成虫は飛ぶことができ、飛翔能力が高い場合は、渓流間を頻繁に移動できる。成虫の飛翔能力が高い生き物では、異なる渓流に生息している個体群どうしのほうが、同じ渓流に生息している場合よりも遺伝的な違いが小さくなるのである。その一方で、渓流に生息するヨコエビなどの底生動物は、成体になっても渓流間を移動することができないので、同じ流域の上下流間よりも異なる流域間のほうが遺伝的な違いが高くなる。

ちなみに、川は渓畔林植物の種子散布の経路としても機能している。しかし、川の途中にダムが存在すると、この方法による種子散布は困難になる。しかし、水生植物の種子は、動物の体にくっついたり、動物の食べ物とともに体の中に取り込まれ糞便の一部として外に出ることによって、水域間を移動することができるのである。

移動が困難な場所の一つに火山島がある。火山島には本来生き物は生息していない。よって、生き物がその島に定着するためには、海という障壁を克服して移動しなければならない。多くの生き物にとって、海は大きな障壁である。火山島に生息できるようになった生き物は、その障壁を克服することができるような生き物なので、火山島の生物相は独特で貧弱な群集になっている。

流れにのって移動する——ドリフト

底生動物は下流に向かって移動することがある。これをドリフトという。水の流れに身をまかせて流される行動には、川の表層で起こるものと川の内部で起こるものがある。例えば、表層で起こるものには、陸生昆虫などが川に落ちて渓流の表面を流れていくものや、羽化した水生昆虫の成虫が飛び立てずに川を流れていくものなどが含まれる。川の内部で起こるものには、水の流れに身をまかせるものも含まれるが、河床基質上で生息している生き物が、流れを利用して能動的に下流に移動するものも含まれ、これを真のドリフトという。

渓流の流れに垂直になるように網をセットし、定期的に網の中をチェックしてみると、ドリフトの状態を把握することができる。時刻だけでなく、網を設置する場所や網目の大きさ（メッシュサイズ）によっても、採集できる個体数や種類が異なってくる。例えば、メッシュサイズを半分にすると、採集できる個体数は多くの場合約四倍に増える。

底生動物の中には、ドリフトしやすい種とドリフトをあまりしない種が存在する。ほとんどしないものもいる。渓流に網を入れてドリフトの状態をモニターしていると、ドリフトする生き物がわかってくる。コカゲロウ科、トビイロカゲロウ科、ヨコエビ科、ブユ科、ユスリカ科などはドリフトする個体が多い。流れのゆるやかな場所に網を入れた場合は、貧毛類やシマトビケラ科、ナガレトビケラ科などが多くなる。しかし、カワゲラ科やアミメカワゲラ科、ヒラタカゲロウ科、プラナリア、巣をもつトビケラなどは、あまりドリフトしないので、渓流の中に網を入れただけでは採集することができない。つまり、ドリフトをモニターするためにセットした網を使って採集できる生き物の群集と、河床基質上に生息している生き物の群集は異なっているのである。

一般的に、遊泳型の幼虫は頻繁にドリフトを行っている。例えばカゲロウの中では、遊泳型のコカゲロウ科とマダラカゲロウ科は能動的にドリフトを行っているが、固着型のヒラタカゲロウ科はあまりドリフトをしないといえる。

川の中に生息している生き物にとって、新しい生息場所へ移動するためには、ドリフトは必要不可欠な行動である。一方、網をつくって餌を獲得するトビケラや魚にとっては、ほかの生き物がドリフトすることで餌を獲得する機会が増えることになる。

ドリフトする底生動物は一般的には多くはない。貧栄養の渓流では、ドリフトする個体数自体もかなり少なくなる。それでも、下流に行くにしたがって、ドリフトする個体数も増える傾向にある。時間帯や季節だけでなく、川の中の場所によってもドリフトする個体数は大きく変化し、川の真ん中よりも岸近く、また水面よりも河床のほうが多くなる。

一回にドリフトする距離は、一般的に一メートルから数十メートル程度で、それほど長くはない。この距離は、生き物の種類によっても異なっているが、流速によっても大きく異なってくる。

ヒラタカゲロウ科のように、能動的にドリフトすることがほとんどない生き物の場合、いったん何らかの力が加わって流されてしまうと、自らの意思で最初に生息していた河床に戻るのは困難だ。このような場合のドリフトの距離は、例えば、ある物体を川に流したときに岸にたどり着くまでの距離に近くなる。つまり、三〇~六〇cm/s程度の一般的な流速の渓流では、受動的に一〇~二〇メートル程度流されてしまうことになる。

コカゲロウ科などのように能動的にドリフトする種では、移動したい距離までドリフトすると、自らの意思で流れから離れることができる。渓流に淵があったり化学物質が流れこんだりしていて、化学的・物理的な障壁が存在すると、ドリフトの距離は長くなる傾向がある。

一般的に、ドリフトは日周パターンを示す。大規模なドリフトは夜行われ、日中は小規模なドリフトのみが行われる。底生動物の中には、日没前からドリフトする個体数が増え始め、日没直後にピークを示すような種もいる。そのような種の中には、夜明け前に少し小さめの二つ目のピークを示す種もいる。日周パターンがあるということは、ドリフトが光の強さと関連しているということを示唆している。よって、月明かりが強い満月の夜などは、ドリフトする個体は少なくなる。

ただし、攪乱などによって流量が急に増えると、夜にドリフトするという日周パターンがあったとしても、昼間にもしっかりドリフトを行うようである。というより、そうせざるを得なくなる。

地球には極地というものがあり、夏は一日中明るい。ということは、極地に近い川に生息する底生動物は、夏の間はドリフトできる機会が少ないということになる。つまり新しい生息地に移動できる可能性がかなり低くなるということになる。これは種の生存にとって負の影響が大きくなるので、このような地域に生息している底生動物は、白夜の時期にはドリフトのリズムを消すようである。

受動的ドリフトと能動的ドリフト

ドリフトは底生動物が生きのびるために行われる。ドリフトを行うかどうかは、太陽の光、月の光、水温、流量、流速、河床基質、濁度、底生動物の密度、餌資源の量、捕食者の存在など、多くの要因に影響されている。また、寄生虫などに寄生されても、ドリフトのパターンに影響が生じる。例えば、ヨコエビが寄生虫に寄生されると、ドリフトする個体数が増え、魚などに食べられやすくなる。それが寄生虫の戦略である。

渓流の水量が増えると、受動的なドリフトは起こりやすくなる。しかし、川の中に避難できるスペースがたくさんあれば、たとえ水量が増えてもドリフトする個体はそれほど多くならない。水量が少なかったり、水温が上昇したり、溶存酸素濃度が低かったり、毒性の化学物質や農薬が流れていたりする場合は、能動的なドリフトが起こりやすい。川が急に酸性化しても増える。

環境の変化だけでなく、生き物どうしの相互作用によってもドリフトが行われる。肉食の捕食者に接触したり、肉食の捕食者から出てくる化学物質を検知したりすると、捕食から逃れるために、積極的にドリフトする。食べ物を探したり、よりよい河床基質の場所を探したりするためにも、ドリフトを使っている。例えば、コカゲロウの仲間は、今いる場所の餌がある一定の量よりも少なくなると、能動的にドリフトを始める。また、生息している場所の川の流れが強いと、たとえ餌の量が多くてもドリフトを行う。ドリフトは、採餌などの日々の活動に必要な移動手段の一つとなっている。

夜間にドリフトすることで、視覚を使って捕食する生き物（魚など）からの捕食リスクを軽減することができる。しかし、肉食の捕食者であるカワゲラ幼虫は、餌生物の活動時刻を見こして夜間に捕食活動を行っており、必ずしも夜間が安全とはいえない。ただし、カワゲラ幼虫にとっては、夜間に行動することで、魚に捕食されるリスクを下げているともいえる。魚のいない渓流では、日中と夜間でドリフトするコカゲロウの個体数に大きな違いはない。

ドリフトで上流の個体数は減少するか

川では、膨大な数の生き物が毎日ドリフトしている。しかし、上流に生息する生き物の個体数が減少することはない。大昔はその理由を、上流には収容力を超える生き物が生息しているため、それを緩和するためにドリフトが行われる、と考えられていた。しかし実際は違っており、ドリフトがあるかどうかは生き物の密度とはほとんど関係がない。

じつは、幼虫は比較的短い距離を上流に向かって日々移動している。この行動は、ドリフトした距離の一部を埋め合わせることに一役買っている。この上流への移動行動は、ヨコエビやカゲロウ・カワゲラ・トビケラの幼虫など、多くの生き物に見られる。あまりドリフトしない幼虫の場合は、このような上流への短距離の移動によって、ドリフトで流下してしまった距離を相殺することができるのである。

しかし、ドリフトで能動的に長い距離を移動するような幼虫の場合は、このような上流への移動だけでは流下した距離を相殺することはできない。相殺できるのは、ドリフトした距離の一〇〜三〇%程度が限度だろうと考えられる。

ということは、上流に生息している生き物の個体数は、幼虫が上流に移動することによって維持されているのではないことになる。水生昆虫の多くは成虫期に空中を飛翔することができる。そして、多くのメス成虫は産卵のために上流に向かって長距離を飛行し、上流域で産卵している。この成虫の上流への移動によって、上流域の個体数が維持されていると考えるのが妥当だろう。

下流の水温の高い場所で産卵したくないので、メス成虫は上流に向かって飛んでいき、上流域でたくさんの卵を産むことで、上流域の個体数を維持しているのである。見方を変えれば、この上流への移動は、ドリフトの代償的な行動というよりは、個体が生存するための適応度を高めるために行っている行動として見ることもできる。

生き物が定着するまでの時間

生き物が新しい場所に移動した場合、そこに定着するまでにかかる時間は、離れるきっかけとなった原因や移動する距離によって異なる。川に新しく人工的な生息地をつくると、その近くに生息していた生き物がまず集まってくる。その場合でも、彼らがその新しい場所を見つけて定着するまでには、数日から数週間かかる。

川が攪乱されると、攪乱の場所やタイプ、生き物が近くの避難場所に生息しているかどうかなどによ

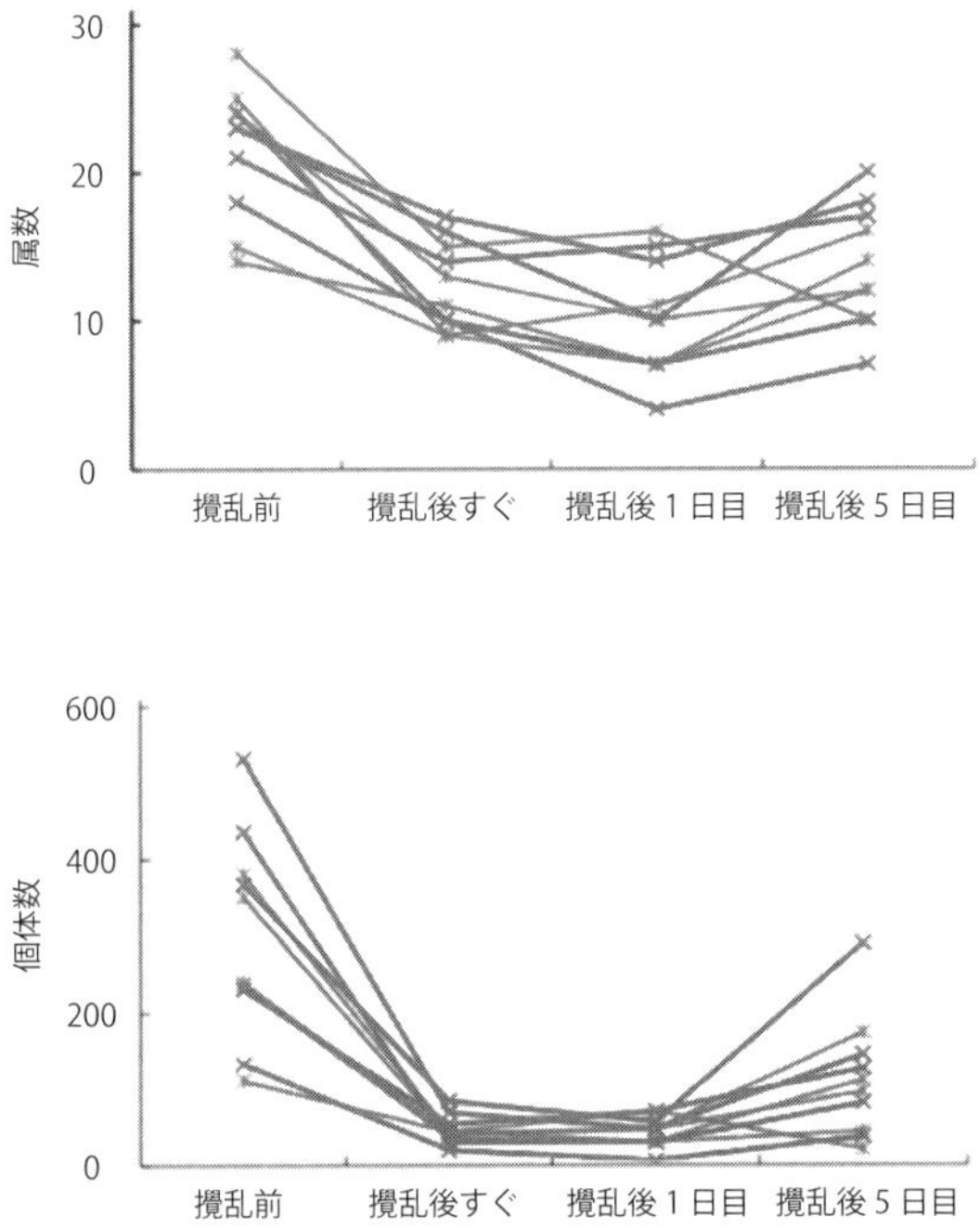

図 2-1　攪乱による属数や個体数の変化

攪乱が起こると、底生動物の属数や個体数が減少するが、数日するといくつかの底生動物が戻ってくる。

って、生物相が回復するまでにかかる期間が変化する（図2-1）。一般的には、七〇～一五〇日程度だが、大規模洪水など壊滅的な攪乱の場合には一年以上必要になることもある。また、洪水による攪乱から回復する過程では、幼虫が上流に向かって移動する行動が重要となる。河床がえぐられ根こそぎ流されてしまったら、生き物はいなくなるからである。火山噴火などの攪乱の場合には、火山灰が川の河床にたまってしまうので、回復には五年以上かかってしまう。

今まで水が流れていなかった場所に新しく川が形成された場合、その川への生き物の定着は非常に速い。昆虫がそこに飛来して繁殖し、数カ月程度で定着してしまう。生息する生き物の個体数が一年程度でかなり多くなることもある。新しくできた川の形態は変化しやすいため、川の物理的環境も数年にわたって徐々に変化し、それに伴って生物相も変化する。

新しい環境に定着しやすいかどうかは種によって異なる。これは、種ごとに移動能力が異なるためである。新しい場所への定着度合いは、例えばカゲロウの場合、マダラカゲロウ科、トビイロカゲロウ科、コカゲロウ科の順に高くなる。つまり攪乱が起きて新しい生息場所ができた場合、まず、コカゲロウの仲間がやってきて、次にトビイロカゲロウの仲間がやってくる。これらの種に共通しているのは、ドリフトする傾向が高いということである。

しかし、火山島の川のようにまったく新しく形成された川では、そもそも生き物が生息していないので、生き物がその川に定着するための手段としてドリフトに期待しても意味がない。このような場所では、成虫がたまたま飛んでくることによって（何かにくっついて流れ着くこともある）、初めて生き物が定着できるようになるのである。新しい川まで飛んでくることができ、そこで産卵を行うことができ、卵が孵化した場合だけ、生き物がそこに生息することができるのである。

コラム　渓流で水生昆虫を見てみよう

川にたくさんの生き物など本当に棲んでいるのかな?と思ったあなた、渓流に行って石をひっくり返してみてください。きっと見つかりますよ。

都会の大きな川に行って、岸辺にある石をひっくり返しても、もしかしたら、生き物は見つからないかもしれない。それは、川が広く大きいので、多くの人が近づける場所にある石の裏には、たまたまいなかったからだけかもしれません。水質が渓流よりもよごれているからかもしれません。東京都内の等々力渓谷《とどろきけいこく》など都会にある川でも、渓畔林が存在して、川の水を少しかき回した程度では水が濁らないような、さらさらと水が流れている場所では、岸辺の石をひっくり返すと、生き物をほぼ一〇〇%発見できます。地域にもよりますが、桜が咲くころは、多くの水生昆虫が羽化前なので、十分大きくなった水生昆虫を見つけることができると思います。

生き物がいるかいないかだけを見るのではなく、どんな生き物がいるのか調べたくなったら、調査するための道具が必要になります。でも、そんなに大げさなものは必要ありません。網とバット、そして長靴があれば十分です。川の流れに直角になるように網をセットし（網は川の底につける）、その上流側にある川底の石を動かします。手で動かしてもいいし、足で蹴ってもいい。石を動かすことで、その石のまわりに生息していた生き物が、石から離されて、網の中に流されてきます。次に、その網を引き

川の端にある石をひっくり返してみよう

上げて、水を張ったバットの中に網の中の生き物を移します。バットの色は何色でもいいですが、生き物を見つけやすいのは白色です。バットの中にはたくさんの生き物が入っているはずです。

その生き物を見るだけでなく、名前を調べたくなったら、入れ物に入れて持ち帰ります。近くに自宅がある場合は別ですが、そうでなければ、すべてを生きたまま持って帰るのは至難の業なので、七〇％のエタノールが入った入れ物に生き物を入れて、固定してしまいます。そうすることで、えらや脚がちぎれない状態で持ち帰ることができ、名前をきちんと調べやすくなるからです。生き物や落葉などをすべてまとめて固定してしまう方法と、必要な個体を一匹ずつピンセットで拾い上げて固定する方法があります。

虫の大きさは種によって大きく違います。終齢幼虫になっていても、小さい水生昆虫はたくさんいます。肉眼では何かわからない一ミリメートル程度の虫もたくさんいます。小さい物体がゴミなのか生き物なのか判別するためには、実体顕微鏡を使います。若い読者なら、肉眼や虫メガネでもわかるかもしれませんね。

網とバットとピンセット

虫を固定して持ち帰るときに使う入れ物の一例

虫の名前を検索する際に用いる参考書籍の一例

コラム　森と渓流を行き来する生き物たち

渓流の中で幼虫時代を過ごす多くの水生昆虫は、成虫になると陸上に上がります。一部のカゲロウのように、成虫の期間が数時間しかない昆虫もいますが、一部のカワゲラのように一カ月以上の成虫寿命があるものもいます。成虫の間は、餌場・水場・繁殖の場として渓畔林を利用していますが、一部の水生昆虫は山の上の方まで飛んでいくようです。ヘビトンボのように幼虫の間は渓流内に生息し、終齢幼虫になると陸上に上がってきて、土の中で蛹になるものもいます。

サワガニは、渓流の中だけに生息しているように見えますが、じつは森と渓流の間を行き来していま す。サワガニは基本的には夜行性ですが、雨の日などは日中でも行動しています。そして、雨の日には川から離れ、川近くの森林にいることがあります。また、冬は川の近くの岩陰などで冬眠しています。寿命は数年～一〇年程と長く、雑食性であるため、渓流域の物質循環に大きな影響を及ぼしていると考えられます。

モリアオガエルは山地に生息していますが、季節によって生息地は変化します。非繁殖期はおもに森林に生息していますが、繁殖期の四～七月になると、生息地付近の湖沼や水田、湿地に集まってきます。渓流でも流れのほとんどない場所に集まってきます。産卵は水面上にせり出した木の枝などで行い、受精卵を産みつける際に粘液を同時に出し、その粘液を足で泡立てて受精卵を包みます。粘液の表面が乾

キセキレイ

燥すると紙のシートのような状態となり卵を守ります。一週間ほどで卵が孵化しオタマジャクシになりますが、泡の中で雨が降るのを待ちます。雨が降り、泡の塊が溶けて崩れると、オタマジャクシが水面に次々と落下します。その後成長してカエルの姿になると上陸し、しばらくは水辺で生活したのち、森林内での生活を始めます。

渓流と森林を行き来する鳥には、ヤマセミ、アカショウビン、セキレイ類などがいます。ヤマセミは、山地にある渓流や池の周囲に生息しています。平地の河川や海岸にやってくることもあります。アカショウビンも森林に生息していますが、ヤマセミとは違い水辺から離れた森林内でも見られます。ヤマセミもアカショウビンも動物食で、石や枝に止まって水辺をのぞきこみ、魚やカエル、サワガニ、水生昆虫などを捕獲しています。カタツムリ、トカゲ、セミ、バッタなどを食べることもあります。獲物を獲得すると、その場で食べるのではなく、石や枝に戻って獲物を飲みこみます。セキレイ類の中でも、キセキレイは、渓流沿いを好んでいます。これも動物食で、日中は水辺を歩きながら水中や岩陰に生息する昆虫類やクモ類などを食べています。これらの鳥は夜になると近隣の森に帰っていきます。

渓流には森に棲んでいる哺乳類も水を求めてたくさんやってきます。特にシカ、イノシシ、クマ、サルなどは頻繁にやってきます。

第3章 流水に適応する

第2章で紹介した流れへの適応方法は、流れから避難したり餌をとる場所を移動したりという、どちらかというと場あたり的な方法である。しかし、場あたり的な行動をとりたくても、もって生まれた構造や機能が障害となって、うまくいかないこともある。例えば、背の低い人がバレーボール選手になろうとしても、身長というハンディがある。でも、例えばジャンプ力を鍛えるなど、ほかの能力を最大限に磨くことによって選手になれることもある。水の中の生き物も同じである。体の大きさや体から分泌される物質の種類、孵化する時期など切り離すことのできない制約が生き物それぞれに存在するが、その制約の中で、もっている機能を最大限に活用して、流れに対してできる限りの適応を行っている。

外部環境への適応

水の中の生き物が生きていくためには、呼吸のための酸素を獲得し、浸透圧調節のための無機塩類を水の中から取りこみ、かつ余分な水分が入りこまないようにしないといけない。また、川の水がなくなった場合の対処についても方策を練っておかなければならない。生き物はこういった外部環境にうまく適応しないと生きていけない。

成虫の呼吸のしくみ

昆虫を含む多くの無脊椎動物の体壁上には、空気が出入りするための気門と呼ばれる開口部がある。これらの生き物は、この体壁を介した酸素の拡散によって呼吸を行っている。昆虫では、この気門が体内の呼吸器官（気管）とつながっている。気管は体表の一部が管状になって体内に入りこんだものであり、径一マイクロメートル以下の細かい管（気管小枝）が体の中を枝分かれし、全身の組織に広がっている。

成虫の呼吸がどのように行われるのか、簡単に説明する。空気中に存在する酸素は、拡散によって、気門から気管を通って気管小枝に入っていく。すべての組織に気管小枝が分布しており、各組織は気管小枝にもたらされた空気の中から、酸素のみを気管小枝の内壁を通して直接取り入れ、二酸化炭素を排出している。その二酸化炭素は、気管から気門を経て、こちらも拡散によって空気中に放出されている。

昆虫以外の多くの動物の場合、酸素が血液中に存在する酸素運搬分子と結合することによって、ガス交換を行うことが可能になる。しかし、昆虫のような小型の動物の場合は、拡散のみで細胞への酸素の取りこみと二酸化炭素の排出が行われているのである。昆虫の場合は、粘性の高い血液を使って組織に酸素を運ぶより、粘性の低い空気を担体（輸送体）にして直接組織に酸素を届けるほうが効率がよいからである。しかし、酸素の運搬を拡散にのみ依存しているため、体のサイズが大きくなると体積が増えて拡散できなくなり、呼吸効率が急速に悪くなってしまう。これが原因で、昆虫の体はある一定の大きさ以上にはなりにくいのである。

昆虫の多くは、気管と気門の間に、気管の一部を袋状にした気嚢（気管嚢）と呼ばれる構造をもっている。この気嚢の中には空気がためこまれていて、腹部を動かすと気嚢内の空気も動くので、気嚢の中にある酸素を呼吸に利用することができるようになる。気嚢をもっている昆虫は、気嚢内の空気を能動的に入れ替えることができるため、酸素の運搬を拡散に頼る必要はなくなる。ちなみに、気嚢は体の多くの部分を占めるため、大型の昆虫でも、体の大きさのわりに体の中はスカスカの状態になっている。気嚢には、空気を蓄えるという役割のほかに、体重を軽くして飛行しやすくするという役割もある。

幼虫のさまざまな呼吸法

昆虫の成虫の場合、気門は基本的に常に開いている。しかし、水生昆虫の幼虫は水の中で生息しているため、気門は基本的に閉じているので、気門を介した呼吸は期待できない。カワゲラやカゲロウなど川（流水）に生息している水生昆虫の幼虫は、自身のえらを用いて水中に溶けこんだ酸素を使って呼吸を行っている。体の中に酸素を拡散させるため、各自が体の外側につけているえらの表面積は、体の大きさのわりに大きくなっている。

川の水が流れている場合、水の溶存酸素濃度が極端に低くなることはないので、えらが小さくても十分に機能する。えらを動かして水流を起こす必要もない。しかし、何らかの原因で水の溶存酸素濃度が低くなると、えらの小さい生き物は生息しにくくなってしまう。また、能動的にえらを動かす必要性も生じることになる。

一方、同じ水生昆虫でも止水に生息しているものの多くは、空気中の酸素を使って呼吸している。例えばゲンゴロウは、翅と腹部背面との間にある空洞を、空気をためる気室として利用しており、水面に上がって空気を取りこみ、その空気を気室にためこみ、ためた空気中の酸素を成虫と同じように腹部背面にある気門を通して組織に運んでいる。流水に生息する水生昆虫の場合、このような行動はとれない。流れのある環境で生息しているために、水面に上がる行動をすること自体が危険を伴うからである。

流水に生息するヒメドロムシやナベブタムシは、えらをもっていない。しかし、腹部などにある撥水性の毛の束が、恒久的なえらの役割を果たしている。この毛の束の間には空気の薄い層が形成されている。呼吸には、この空気の層に存在する酸素を利用しているため、空気の層の酸素濃度が低下すると酸素分圧が低下する。そうなると、水中の溶存酸素が空気の層の中に流れこんで、空気の層内の酸素濃度が一定に保たれる。この酸素の獲得方法をプラストロン呼吸という。

ちなみに、魚はえらなどの効率的な呼吸システムをもっている。両生類は基本的に体の皮膚を通して呼吸しているが、幼若期のみ、えらを通して水中で呼吸している。爬虫類、鳥類、哺乳類のような水生といわれる脊椎動物は、空気を直接吸いこみ、水中で泳いでいる間は息を止めている。

浸透圧の調節

生き物の体の中にはさまざまなミネラルが存在し、その濃度は海水よりも低く淡水よりも高い状態を保っている。淡水に棲む生き物の場合、体の外部に存在する水は、生き物の内部に入りこんでイオン濃度を希釈しようとするし、内部に存在するイオンは周囲の水に拡散しようとする。また、酸素を摂取するための呼吸も浸透性の機能（拡散）を使って行われている。だから、淡水に生息している生き物は、体からミネラルが流れ出さないようにし、体の中のイオン濃度が希釈されないようにし、外部の水からミネラルを積極的に摂取するなどさまざまな機能を発達させて、体内のイオン濃度を保持しなければならないのである。

これらのミネラルを外部から吸収する組織や部位は、生き物によって異なっている。カゲロウやカワゲラ、カメムシは体表にある塩類細胞を通して、エグリトビケラなどは腹部にある上皮塩類細胞、アブやミズアブなどは肛門にある上皮塩類細胞、トンボは直腸にある上皮塩類細胞を通してミネラルを吸収している。また、淡水魚は塩分を保持するための特殊な膜をもっており、塩類細胞にあるこの膜を使って、えらから体の中に入ってくる大量の水からミネラル分を濾過吸収し、残った大量の水を排出している。

乾燥に耐える

多くの底生動物は水がないとすぐに死んでしまう。しかし、休眠など乾燥状態に耐えるための機能的能力をもっている生き物は、長い乾燥にも耐えることができる。寒い地域に生息しているある種のカワゲラは、卵休眠で極寒の冬を乗り越えている。暑い地域に生息しているカワゲラも卵か幼虫の状態で夏休眠を行っているようである。甲殻類の一つであるカイムシの場合、乾燥状態を何年にもわたって卵休眠でやり過ごすことができる。

卵が孵化するのに乾期を必要とする生き物もいる。原生動物の場合は、生活史の中にシスト形成（体の周囲に膜や壁をつくり、一時的な休止状態になること）をするシステムを組みこんでおり、乾燥する傾向を事前に察知したり条件が悪化したりすると、シスト形成を行って、環境変化に対応しているものが多い。プラナリアは、シスト形成をするか乾燥耐性のある卵を産むことによって、乾燥状態を生きのびている。

生息環境と生き物の形状

生物の体の大きさや形は、多くの点で環境と呼応しているといえる。流れる水の中に生息している川の生き物の形態は、水の流れそのものからさまざまな影響を受けている。どのような河床基質のところに生息するのか、流れの速さはどうか、はたまた泳ぐという行動を頻繁に行うかどうか、といったそれぞれの生き物の生態などによって、体の大きさや形は大きく変わってくる。例えば、河床基質の上で多くの時間を過ごしている生き物はいつも流れに直接さらされているので、流れによって運び去られないための強い力が必要になってくる。一方、流れてくる餌に依存している種の場合、流れにさらわれるマイナスの影響と流れによる食料供給のプラスの効果とのバランスをとる必要があり、流れに対処するための手段をいろいろ進化させている。

体の形を適応させる

ヒラタカゲロウのような平らな体をもっている生き物は、河床基質に対して平行な状態で低いポジションを保ちながら、河床基質の上に形成される境界層の内側に生息している。このような姿勢をとることによって流れの影響を避けている、あるいは、流れが生き物を河床基質に押しつけている、と考えることもできる。実際、ヒラタカゲロウは、えらを使って石に吸着しているように見える。しかし、平らな生き物であっても、膨らみのある中央部は境界層からはみ出ることが多く、その膨らみの上では流れが分離していて複雑な流れが生じていると考えられる。

また、体が平たいということは、流れによって持ち上げられにくい、ということでもある。狭い隙間での移動も可能になる。体が細長い底生動物も存在するが、そのデザインも隙間の移動がしやすいように形づくられている。

川に生息する底生動物の中で最も平らな生き物は、プラナリア類やヒラタドロムシ類である。この二つはまったく異なる理由で平らな形状をしている。プラナリア類が平らな形をしているのは、進化の結果であり、流れの速い場所を避けて生きている。一方、ヒラタドロムシ類は、河床を吸引することによって河床基質にぴったりと付着して生きていくために、平たく丸い形をしている。

ピッタリとくっついているといえばヒルもくっついたら離れない。ヒルには吸盤があるが、流れの速い場所の生活には適しておらず、流れに逆らって動くこともできない。また、吸盤は滑らかな表面でしか機能を果たせないため、でこぼこの多い底生動物に対しては、この吸盤の機能を十分に使えない。

流れの速い場所で生きているブユも独特の体型をもっており、体の末端にある吸盤で基質に取りついている。川の流れは上流から下流に向かうため、流れに押されてブユの体は常に下流側に傾いている。流れが遅いとあまり下流側に傾かないが、流れが速いと河床基質に平行になるまで倒れこんでいることもある。餌をとる際は、上唇にある毛の束をうちわ状に広げ、流れに逆らって体を上流側に曲げて摂食姿勢をとり、餌を獲得している。

コカゲロウ幼虫の体型は流線形で、河床基質から離れて生活している。流線形にすることで抵抗力が減少するため、速い流れにうまく対処しているといえる。一般的に、流れの速い場所に見られるカゲロウは比較的小さい。また、比較的長い脚をもっているが、えらなどの付属物は小さくなっている。

体の大きさと捕食リスク

体の大きさは、河床の上を移動できるかどうかだけでなく、捕食リスクに対しても重要な要素となっている。生き物は成長するにつれて体の大きさが変わり、種類によっても基本的な体の大きさが異なる。つまり、水の流れが生き物に与える影響は、その生き物の成長度合いや種類によって大きく異なってくることになる。

体の小さい動物はレイノルズ数（第1章参照）が小さいため、水の中という粘度の高い環境でも生きていくことができる。水の中では体の動きが制限されるというマイナス面があるが、水が体を包みこんでくれるし、流れによる衝撃からも保護してくれるという利点もある。対照的に、魚などの大きな動物はレイノルズ数が高く、粘性力よりも慣性力が重要になるので、移動は問題なく行えるが、まわりの水が体を保護してくれるということはない。

一般的な傾向として、大きい動物は川の真ん中や河床の上に、小さい生き物は河床基質の中に生息している。完全に河床基質内に生息している小さい生き物には、線虫やダニ、小さな甲殻類がいる。例外として、細かい砂などでできた河床基質に埋もれて生きているヤツメウナギなどの大きな生き物や、水中に浮遊しているプランクトンなどの小さな生き物がいる。

体の大きさは、捕食リスクとも関連している。大きな底生動物は、小さなものよりも魚に食べられる危険性が高くなる。その理由は大きくわけて二つある。一つ目は、大きな底生動物は遠いところからも発見しやすいということである。魚は獲物を見つけるために視覚を利用しているからだ。二つ目は、大きな底生動物のほうがエネルギー量が多いという点である。魚にとっては、大型の餌を獲得するほうが、エネルギー効率が高くなる。つまり、魚による捕食リスクを少なくするには、遠いところから発見されにくくするか、栄養価を低くするかしかない。栄養価を減らすことは、種を繁栄させるためにはあまり得策ではないため、活動的になる時間帯を変えて発見されにくくすることが重要だろう。

体の大きさは生活史とも関連しており、大きな生き物はゆっくり成長している。例えば、大型のカワゲラやトンボは、幼虫の成長を完了するのに数年かかることがある。小さな種は数週間で成熟する。二五℃の環境下では、わずか一〇日で、卵→幼虫→蛹→成虫という生活環を終えるものもいる。

ところで、流水に生息している多くの底生動物はくすんだ茶色をしている。それは、この色あいを出すことで、河床の砂粒や落葉といった河床基質に広がる背景に溶けこむことができるからである。その結果、捕食者に見つかりにくくなっている。マダラカゲロウ科は、河床基質の砂利の色あいに合わせて体の模様を変化させている。

絹糸で網や巣をつくる

服の素材の一つであるシルクは誰がつくっているか知っているだろうか。そう、昆虫のカイコがつくっている。カイコ以外にも絹をつくり出せる昆虫はたくさんいる。トビケラもその一つである。この絹の化学組成は生き物によって異なるのだが、代表的な作成工程を少しだけ紹介しよう。まず、唾液腺が変化した絹糸腺で、液状のフィブロインというタンパク質がつくられる。二つの絹糸腺でつくられた液状の二本のフィブロインは一本の長いポリペプチド鎖（タンパク質）となって吐糸管から分泌されるが、その際に、セリシン（くっつきやすくする）も絹糸腺から分泌されており、フィブロインのまわりを覆っている。そして、液状のフィブロインが空気に触れると水分が蒸発して絹糸になる。この絹糸は細い繊維状のタンパク質からできているため、柔らかいにもかかわらず引っ張ってもほぼ切れない。

流水に生息する生き物にとって絹糸は重要である。分泌物が生き物の体内にたまっている間は液状だが、水の中に出てくると粘着性をもつ絹糸になる。粘着性があるため、基質などへ付着する際の粘着物として使われたり、巣をつくる際の石や落葉をくっつける接着剤として使われたり、網などを構築する際に使用されている。

ブユ幼虫は流れの速い場所にある石などにくっついていることが多いが、基質に付着するために絹を紡ぎ出している。この絹の付着物を使うことによって、シャクトリムシのように基質上を移動すること

図3-1　トビケラがつくった網
少し壊れかけている。

が可能になる。

ブユ幼虫は漂うこともある。絹糸を基質に付着させて漂流し、ある一定範囲内から出ないようにコントロールしながら漂っている。だから、漂流中に捕食者に出合ってしまったり何らかの障害が起きたりして、その場所から遠ざかる必要性が生じたとしても、捕食者がいなくなったり障害が除去されたりすると、その糸をたぐってもとの位置に戻ることができるのである。

トビケラ幼虫は、上唇に存在する吐糸管から絹糸を分泌し、網や巣をつくっている（図3-1）。トビケラの中で網を構築するのは、おもにシマトビケラ科、カワトビケラ科やヒゲナガカワトビケラ科、イワトビケラ科、カワトビケラ科などシマトビケラ上科に含まれるものである。この網を使って水の中を流れてくる餌を受動的に集め、捕獲している。

カワトビケラ科は非常に細かい網目の細長い網状の袋をつくる。メッシュサイズは約一マイクロメートルで、袋の開口部が小さいので、網の中を通る水の流れは非常に遅くなっている。

イワトビケラ科は粗い編目の網をつくる。

ミヤマイワトビケラ属の網は漏斗状で、流れに向かって広がっており、幼虫はその中央に居座っている。

シマトビケラ科はイワトビケラ科よりも流れの速いところに生息していることが多い。網は小さく、左右対称の長方形の構造をしており、網目の大きさは種によって異なるが、通常三〇〇×二〇〇マイクロメートルである。幼虫は絶えず網を手入れしている。目の粗い網をつくる種は漂流する生き物をおもな餌としており、目の細かい網をつくる種は落葉をおもな餌としている。

水温が上がると水の粘度は下がる。そのため、水温が上がると網を通る水量が増加し、流水とともに流れてくる餌の量も増えることになる。その結果、網に引っかかる餌の量が増えるため、餌にありつくチャンスも高まることになる。しかし、水温が高いと、生き物の代謝に必要となるエネルギーも多くなるため、網を通る水の流れが増加することによるメリットはなくなってしまう。だから、水温が上がると、より大きな網をつくる傾向が高くなる。

水温が極端に低かったり高かったりすると、タンパク質でできている網の構造が徐々にゆがみ、網の機能も変化してしまう。また、重金属や有機毒素が渓流中に存在すると、網の構造のゆがみはさらにひどくなっていく。

若齢幼虫は小さいので、比較的細かい目の網をつくる。同じ齢期の網であっても場所によってメッシュサイズは異なっており、河床に近い水の流れの遅い場所にある網のメッシュサイズは小さくなる。

ユスリカの幼虫や蛹の多くは、自ら紡ぎ出した絹糸を使って生息場所となる筒をつくっている。その筒の内側にさらに網を張るものもいる。筒から前脚を伸ばす際に前脚の間に網を張るものもいる。網を張るのは餌をとるためである。また、筒の内部には細かい目の網をつくるための絹糸を使い、捕獲網の枠組みには太い絹糸、捕獲網本体には細い絹糸というように、三種類の絹糸を場所によって使い分けているものもいる。

トビケラ幼虫も網だけではなく、自らの巣にも絹糸を使用している。絹糸のみで巣がつくられることもあるが、多くは絹糸の上に植物片や鉱物粒子などを接着させている。

生活環と生活史

一年中渓流の近くに住んでいると、渓流の生き物が季節とともに変化していくのを実感する。季節の変化に伴って、多くの種が出現してはいなくなるという変化を感じることができる。季節の変化とともに個体の大きさも変化している。

ある個体が、卵から成虫になるまで形態的・生理的に変化していくことを生活環という。この生活環は本質的に変えることはできないが、生活史は変えることができる。卵から孵化する時期、幼虫の成熟度合い、休眠の有無、成虫の飛翔距離、成虫である期間、一年あたりの世代数などは、その個体の生活史を決める重要な要素になっている。例えば、すべてのトビケラは、卵、幼虫、蛹、成虫を経る生活環をもっているが、各ステージにおける期間、幼虫における成熟度合い、成虫に羽化する時期、成虫の寿命などは、個体群によって大きく異なっている。

生活史を決める二つの要因

生活史のパターンを決定する要因は大きく二つある。その一つは、生理・形態・行動など、遺伝的に決まっている内的な要因である。例えば、淡水に生息する甲殻類や魚は、淡水に生息することが遺伝的に決まっているため、その全生活史を淡水中で過ごさざるを得ない。同じように一部の水生昆虫は、幼虫期は水生生物として、成虫期は陸生生物として過ごすことが決まっている。

また、昆虫は、完全変態するものと不完全変態するものに分けられるが、これらも遺伝的に決まっている。ヘビトンボ目、双翅目、鞘翅目、チョウ目、トビケラ目などの完全変態をする昆虫は、卵・幼虫・蛹の段階を経て成虫になる。カゲロウ目、カワゲラ目、トンボ目、半翅目などの不完全変態をする昆虫は、卵から孵化した後は、体つきが成虫に似るが翅や生殖器官のない幼虫期を過ごす。その後、カゲロウのように亜成虫期に入るものもいるが、多くは直接成虫になる。

二つ目は、気温、日長、栄養、生息地、ほかの生き物の存在など生息環境にかかわる外的な要因である。気温は、卵の発生、幼虫の成長、代謝の速度などに影響を与えている。また、餌を手に入れることができるかどうかにも、気温は間接的な影響を与えている。餌として落葉などを利用できるかどうか、羽化するためのよりよい場所を確保できるかどうか、干ばつや洪水などの不利な状況を回避できるかどうか、捕食などの影響が少ない状態をつくることができるかどうかなどが生活史パターンを変える要因になる。

このように、二つ目の要因は個体によって対応の仕方を変えることができる。そのため、わずかな季節性しか残っていない熱帯地域であっても、より適切な環境のもとで生活環を全うできるように、生き物は自らの生息環境を調整しながら生活史のパターンを決定しているのである。

生活史の期間

一般的に、小さい生き物の生活史は短く、大きい生き物の生活史は長い。同じ種であっても、条件が異なると生活史の長さが変わる。例えば高緯度では、低緯度よりも夏の期間が短く、気温も低い傾向にある。そのため、同じ種であっても、高緯度に生息しているものは、低緯度のものよりも成熟に多くの日数を要するため生活史は長くなる。

温帯に生息している昆虫は、生活史が一年で完結する一年一化のサイクルが一般的である（図3-2、表3-1）。一年一化の生活史をもつ水生昆虫の場合、異なる生活史パターンをもつ個体が同時期に生息しているようなことは基本的にはない。しかし、熱帯地域では、一年一化だけれども、同じ時期にさまざまなステージの状態にある個体が生息していることはある。つまり、種としてはいつでも年一回の

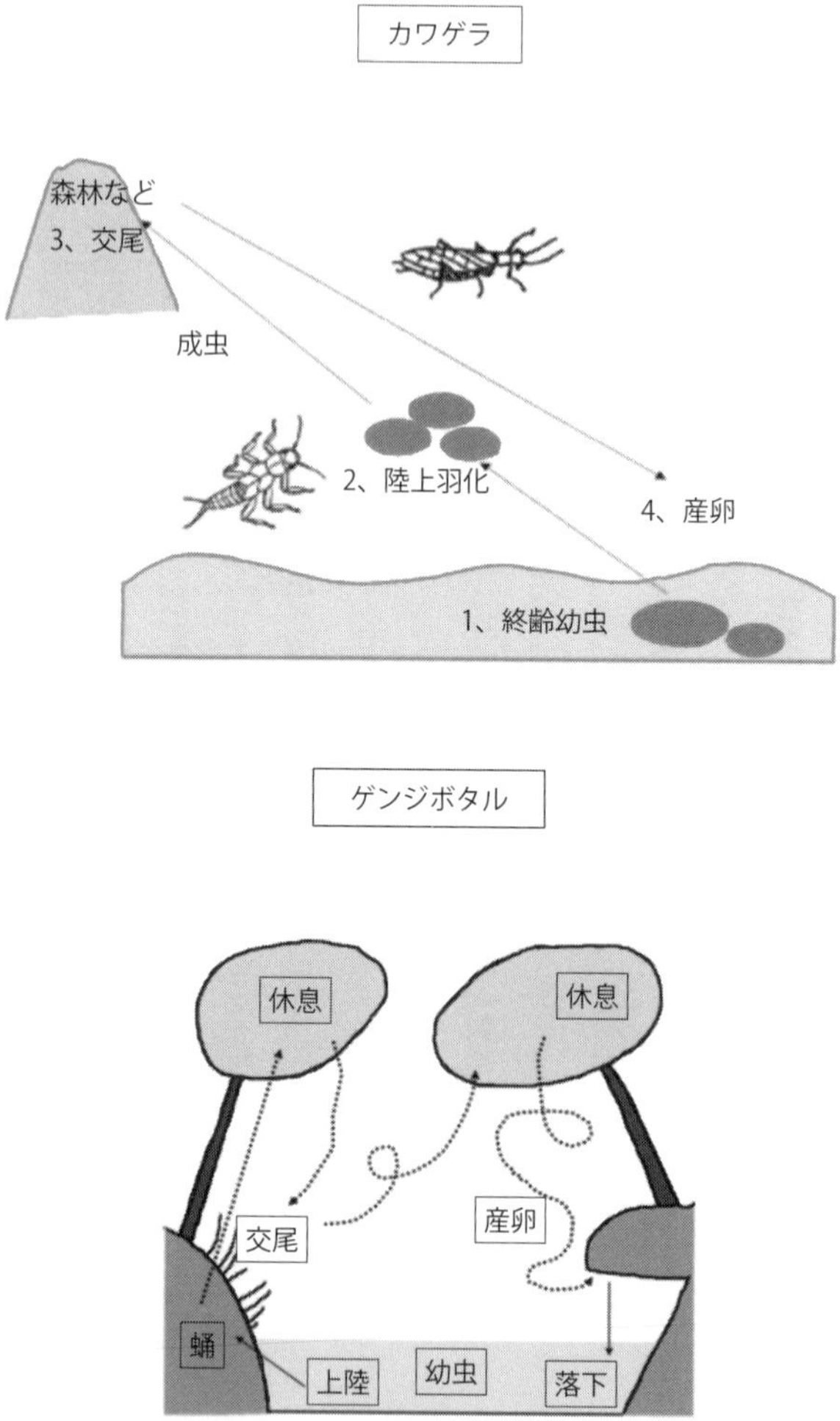

図 3-2　生活史（カワゲラ、ゲンジボタル）
上がカワゲラの一般的な生活史パターン。下がゲンジボタルの一般的な生活史パターンであり、一年一化である。

郵 便 は が き

料金受取人払郵便

晴海局承認

7422

差出有効期間
2024年 8月
1日まで

1 0 4 8 7 8 2

9 0 5

東京都中央区築地7-4-4-201

築地書館 読書カード係 行

お名前	年齢	性別	男・女
ご住所 〒			
電話番号			
ご職業（お勤め先）			

購入申込書 このはがきは、当社書籍の注文書としてもお使いいただけます。

ご注文される書名	冊数

ご指定書店名　ご自宅への直送（発送料300円）をご希望の方は記入しないでください。

tel

読者カード

ご愛読ありがとうございます。本カードを小社の企画の参考にさせていただきたく存じます。ご感想は、匿名にて公表させていただく場合がございます。また、小社より新刊案内などを送らせていただくことがあります。個人情報につきましては、適切に管理し第三者への提供はいたしません。ご協力ありがとうございました。

ご購入された書籍をご記入ください。

本書を何で最初にお知りになりましたか？
□書店　□新聞・雑誌（　　　　）□テレビ・ラジオ（　　　　　　）
□インターネットの検索で（　　　　　）□人から（口コミ・ネット）
□（　　　　　　）の書評を読んで　□その他（　　　　　　　）

ご購入の動機（複数回答可）
□テーマに関心があった　□内容、構成が良さそうだった
□著者　□表紙が気に入った　□その他（　　　　　　　　　）

今、いちばん関心のあることを教えてください。

最近、購入された書籍を教えてください。

本書のご感想、読みたいテーマ、今後の出版物へのご希望など

□総合図書目録（無料）の送付を希望する方はチェックして下さい。
＊新刊情報などが届くメールマガジンの申し込みは小社ホームページ（http://www.tsukiji-shokan.co.jp）にて

表 3-1　カワゲラ、カゲロウ、トビケラの生活史

	カワゲラ	カゲロウ	トビケラ
主な生活史	1年〜3年1化	1年1化〜2化	1年1化
変態	不完全変態	不完全変態	完全変態
成虫の寿命	長	短	中
種数（世界）	2,000	2,200	13,000
種数（日本）	150	140	430

繁殖期を設定できるというような種は存在する。このように、すべての時期にさまざまな大きさの幼虫が生息している場合、生活史に季節性は見られない。

原生動物や微小甲殻類などは、一年多化である。雌雄同体の扁形動物も、一般的には一年多化である。水生昆虫でも、小型の種は一年多化の種が多い。また、温かいところに生息している生き物ほど多化になる傾向がある。

一方、生活史が一年を超える種も存在し、その生活史パターンは大きく二つに分けられる。水生昆虫などは、卵から幼虫の期間が長く、繁殖期間が一回だけのパターンを示す。イワナなどは、成体期間が長く、一生の間に何度も繁殖期間をもつというパターンを示す。捕食性で比較的大きい水生昆虫は通常一年以上生きる。カワゲラ科やいくつかのトビケラは三〜四年間幼虫として生息している。トンボではさらに長い期間を幼虫として過ごしているものもいる。小型の両生類や魚は一年一化だが、大型のものは多年一化で長生きする。

生活史の違い

生活史は、水温、溶存酸素の濃度、季節変化する餌の状態などに大きく左

右される。同じ種の二個体が同じ生活史をもっていたとしても、その中身はかなり異なったものになっている。

生活史の違いは、種間の相互作用とも関連している。例えば、カワゲラ科では、卵発生のスピードや孵化時期などが種間で異なっており、お互いの競争を回避しているようである。カゲロウやトビケラの幼虫でも、種間で同じような回避が見られる。つまり、同じ属の近縁の種どうしは異なる成長段階にあり、体の大きさも大きく異なる。

孵化後すぐの一齢幼虫の大きさは、孵化する時期によって大きく異なる。孵化する時期の水温が異なるからだ。しかし、季節が進み成長するにしたがって、ばらつきは徐々に小さくなっていく。

産卵されてからの生活史パターンには、大きく二通りある。産卵されたあとすぐに孵化し、幼虫として約一年という長期にわたってゆっくり成長するか、産卵されてから数カ月にわたって(場合によっては一年以上)卵のままで存在し、その後孵化して、幼虫として急速に成長するかだ。後者のタイプは、一般的に冷たい渓流に生息している生き物が多い。

個体間のばらつきと柔軟性

幼虫の期間・成長度合い、羽化の時期、世代数、休眠の有無などは、種や個体によって大きく異なっている。これらの違いは、環境状態への応答が種や個体によって異なることから生じている。例えば、卵休眠しない場合、水温が高いとカワゲラの卵期間は短くなるが、個体による卵期間のばらつきも見られる。

大きさのばらつきに関して、世界に広く分布しているコカゲロウとトビイロカゲロウに焦点をあてて化性を絡めながら説明しよう。一年一化の生活史を繰り広げているコカゲロウの個体群の場合、幼虫サイズはほぼ同じで、同じばらつき程度のまま次第に成長して大きくなっていく。しかし、一年多化のコカゲロウの個体群の場合、どの時期であっても小さいサイズから大きいサイズまで生息しており、同じ種なのに大きさのばらつきが大きくなる。これに対し、トビイロカゲロウの場合は様相が少し違っている。遺伝的に化性が決まっているので、水温が高かろうが低かろうがどこに生息していても一年一化であり、小さく同じばらつき程度のままで次第に成長していく個体群となる。

水生昆虫は、環境に対して柔軟に対処しながら、孵化や羽化というイベントや長い幼虫期間をうまく生き抜き、種としての絶滅を防いでいる。川が攪乱すると個体群が絶滅する可能性があるが、毎年決まった時期に起こる傾向のある攪乱に対しては、生活史の各ステージの期間を長くすることによって柔軟性を高めている。夏に川が干上がる傾向のある場所では、川が干上がる時期をあらかじめ予測することが可能なため、乾燥への耐性が高い卵のままで干上がる時期を過ごすというような適応を行っている。

また、予期せぬ攪乱に対処するためには、幼虫の成長率が少し違っていたり、幼虫の大きさにばらつきがあったり、幼虫のままで越冬できる能力に個体差があったり、といった環境の変化に対応できるだけの柔軟性をもっていることが重要である。

同様の柔軟性は魚でも知られている。例えば、サケ科では、個体によって成長率が大きく異なってお

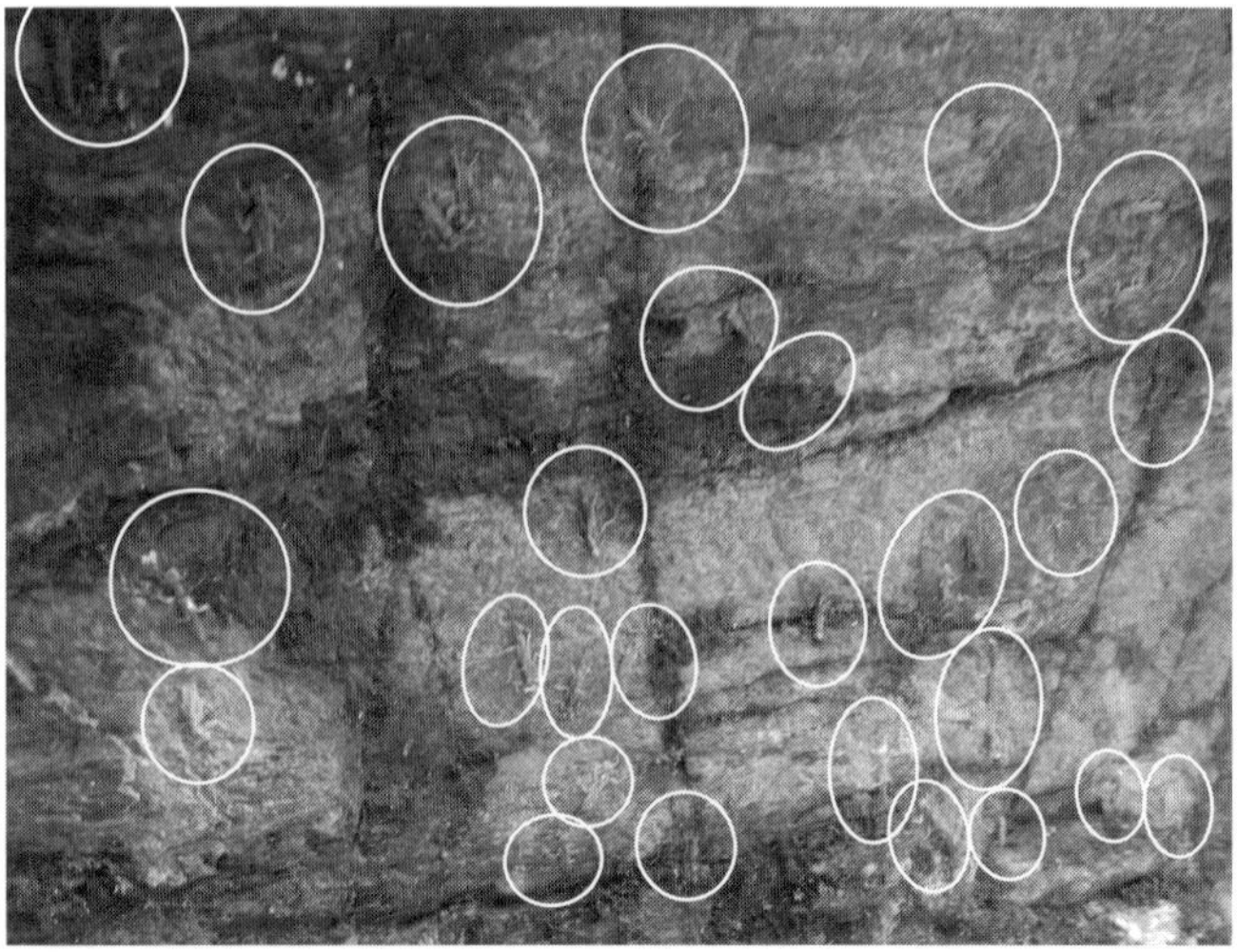

図 3-3　カワゲラの羽化殻

羽化が始まる時期になると、カワゲラの羽化殻が川岸の岩一面に張り付いているのが見られる。

り、たった一年で海に降下できるようになるまで成長する個体もいれば、海に降下するまで二年かかるものもいる。また、通常は川に戻ってきて繁殖を行うとすぐに死ぬが、繁殖後に海へ降下し再び川に戻って繁殖するものもいる。

羽化、交尾、産卵

幼虫の間の主要な活動は摂食である。しかし、成虫になり陸上に上がると、繁殖や飛翔が主要な活動になる。幼虫も移動するとはいえ、川はそれぞれの流域で隔離されているため、幼虫が異なる川を行き来することは不可能に近い。異なる川を行き来できるのは、空中を使って移動できる成虫のみである。また、同じ川であっても、上流に向かって長距離を移動できるのも成虫のみである。ここでは、成虫のおもな行動である羽化・繁殖・産卵での適応の様子を簡単に紹介する。

カワゲラやカゲロウなど蛹のステージをもたない水生昆虫の場合、終齢幼虫になると岸などの流れの弱いほうに向かって移動を開始する。その後、陸上で最後の脱皮（つまり羽化）を行うものもいれば（図3-3）、水面まで上昇して水面で最後の脱皮（羽化）をするものもいる。カワゲラでは、羽化後は遠くの山のほうに向かって飛んでいく種もいる。生活史の中に蛹の段階をもつ水生昆虫の場合は、最後の脱皮の前に蛹化する。多くの場合、蛹は河床に固定されているため、水の中で羽化することになる。また、鳥などからの捕食をさけるため、蛹化の場所は石の側面など幼虫の生息地とは異なっていることも多い。一部の双翅目のように、蛹の状態であっても動き回ることのできる種の場合、水面に浮上してから羽化を行うものもいる。

多くの水生昆虫の繁殖活動は陸上で行われている。小さな虫が集まって飛んでいるのを目にしたことがあるだろう。これを群飛といい、この中で繁殖行動の一部が行われている。ユスリカ、カゲロウ、トビケラなどは、よく見かける典型的な群れ（群飛）をつくり、その中で交尾を行っている。一般的に、群飛をつくるのはオスが多い。メスはその群れに飛びこみ、交尾後、群れから出て産卵を行う。トンボの場合、群飛ではなく、テリトリーをつくる。産卵場所も含めた交尾のためのテリトリーをオスが守っている。テリトリー内にいるオスは、テリトリーに飛びこんできたメスを見つけると、頭部か前胸部をつかむ。オスにつかまったメスは、腹部を前方にループさせてオスから精子を受け取り、卵を受精させる。カワゲラの場合は、植物の枝や葉の上で交尾を行う。原生動物は基本的に無性生殖であるが、環境の変化に応じて有性生殖も行っている。ヒルは雌雄同体だが、交尾・受精を行う。

遡河性のサケは、若い時期に川で過ごしたあと、成熟のために海や湖に向かう。その際、汽水域で体の機能を生理的に変化させて、海水に適応させている。成熟後は、産卵のために故郷の川の上流へ戻っていく。ウナギなどの塑海性の魚では逆の行動が見られ、川で成熟し海に降りて産卵する。

産卵場所を決定する権限は、トンボではオスにあるが、多くの昆虫ではメスにある。空中で産卵するものもあれば、川の流れのきわで産卵するものもいる。トビケラの場合は、川の中に入って石の下に卵を産みつけるものが多い。カゲロウのタニガワカゲロウ属は、飛びながら腹部を川に浸して産卵する。カワゲラの中には、卵塊のまま川の水面に産み落とすものもいる。ナガレアブのように、渓畔林の渓流に張り出した枝葉に大きな卵塊を産むものもいる。この場合、卵から孵化した幼虫は、直接、下を流れている川に落ちる。

流水の中

環境がどのような状態にあるかということは、生きていくうえで大変重要だ。まず、生き物にとって最も重要なのは、酸素状態である。川の中で生息している生き物の呼吸に必要な酸素は水に溶存しており、その酸素の量が生き物の生死を決める。酸素の量は水温とも関係しているが、水温自体も生死にかかわる要素である。そのほかにも、光や河床基質の状態も、餌を獲得するという視点で見ると重要な要素となる。

酸素と呼吸量

水が流れているということは、水の中の生き物が、楽に呼吸ができるだけの酸素をずっと手に入れられるということである。また、流れが速いと、より多くの酸素を手に入れることができる。例えば水温が高いなどの原因で溶存酸素濃度が低い状態の川でも、流れが速い場所の溶存酸素濃度は高くなるので、生きていくことができる。

呼吸量は水温に依存している。水温が上昇すると水中の溶存酸素量が減って酸素の利用効率が下がるため、より多くの酸素を得るために呼吸量が増える。例えば水温が一℃上昇すると、呼吸量を一〇％増やさなければならなくなる。

水に溶けている酸素を利用する生き物は、多くの酸素を体内に取りこむために、特異な方法で呼吸を行っている。また、その方法や能力、酸素要求量は生き物によって異なっており、この違いが生き物の分布状態を決める一つの大きな要因となっている。一般的に渓流の水温は低い。渓流に生息している多くの生き物は低い水温を好むと考えられ、その分布域も水温の低い場所に限られてくる。ちなみに、水温が低いと、酸素の利用効率が高くなる。例えばカワゲラは、酸素要求量が高い。そのため、水温が二五℃を超えるような渓流に生息するのが困難なため、そのような場所にはあまり分布していない。

積算水温と生活史

水温は生き物の代謝や酸素の利用効率に大きな影響を及ぼしているので、生き物が生息することのできる水温には限度がある。例えば、サケ科魚類のような冷水を好む魚は、代謝率や酸素要求量が高いため、水温が二五℃程度になると死んでしまう。最高水温が二五℃を超えるような川では、水温が高くても生きていける種のみが生息している。水生昆虫の流程での分布も水温と関係している。上流に生息する水生昆虫は、低い水温でも十分に代謝を上げることができる。しかし、下流の昆虫は高い水温に適応しているため、水温が低いと代謝を上げることができない。下流と上流では生息している水生昆虫の代謝率は異なっているのである。

卵発生、幼虫の成長、羽化の時期、成虫の大きさ、繁殖行動など、昆虫の生活史のほとんどすべてのイベントは水温の影響を受けている。例えば、アミメカワゲラの卵期間は水温が二〇℃程度で最も短くなり、水温がそれより高くても低くても卵期間は長くなる。ブラウントラウトの成長も曲線的になり、水温が約六〜一五℃ではプラスの成長が期待できるが、二〇℃程度よりも高くなると成長はマイナスになっていく（痩せていく）。水温が上がると、餌の摂食率や消化率が上がるが、代謝率や呼吸量も同時に上がるためである。

積算水温は、成長がゼロになる水温と毎日の実際の水温との差を合計することによって導き出せる。温度を積算するというこの概念は、桜の開花などさまざまな動植物の季節変化をとらえるための指標として使われている。年間に必要な積算水温は種によって大きく異なるが、生息場所の地理的な違いも積算水温に影響を与えている。例えば、標高が高かったり緯度が高かったりすると、積算水温は少なくなる傾向にある。温度が生活史に与える影響という視点で考えるのならば、実際の水温ではなく、積算水温のほうが影響は大きい。なぜなら、生活史は日々の環境の積み重ねを経て形づくられるからである。成長がゼロになる水温は決まっているが、水温は地域によって大きく違うため、積算水温も地域によって異なってくる。そのため、たとえ同じ種であっても、生息している地域が異なれば、年間の世代数も異なってくることになる。

光と底生動物

光には大きく二つの役割がある。一つ目は植物が光合成をするためのエネルギー源として、二つ目は動物が行動したり生活史を制御したりするための目印としての役割である。季節が春から夏に進むと、光は強くなり日照時間が長くなり気温が上昇する。この変化に沿って、渓流域に生育する渓畔林の枝葉も成長する。その結果、渓畔林によって渓流につくられる日陰の状態は、季節により大きく変化することになる。河床の石の上に降り注ぐ光の量も変化し、石の上に形成される藻類の量もそれに応じて変化する。渓畔林を伐採すると、多くの光が渓流に入りこむため、一般的には藻類はよく繁茂する。しかし、光がよくあたるからといって藻類の成長がよいとは限らない。光があまりあたらないほうが成長がよい種もある。例えば、光がよくあたるところでは、珪藻とシアノバクテリアの現存量はほぼ同じ割合になるが、日陰では、珪藻が優占的な藻類相が形成される。

光の状態は底生動物の分布にも影響を与える。コカゲロウ科や甲虫のマルハナノミ科などは光のあたる場所に生息する傾向があるが、エグリトビケラ属などは、日陰を好むようだ。この違いは、単にこれらの生き物が光のあたる場所を好むかどうかだけでなく、餌生物の分布も光の状態によって変化するために生じている。

光は底生動物の行動にも影響を与えている。光があたることによって、水中に溶存している酸素と二酸化炭素の割合が変化する。酸素と二酸化炭素の割合が変わると、漫然とした態勢では酸素を得られなくなるので、えらを頻繁に動かすなど呼吸の体勢も変えなければならない。そのため、呼吸の体勢を変える合図として光を使用しているのである。また、下流へのドリフトは捕食者に見つかりにくい夕暮れ時から夜間に行われるが、ドリフトを開始するための合図としても光は役立っている。

日の長さは予測が可能で信頼性の高い環境要因である。生き物が季節的な変化を知るための優良な手がかりになっており、季節変化が大きい温帯地域においては、生き物にとって特に有用な指標になっている。昆虫の成虫への変態を行う時期なども地域によって異なっているが、これも日長にコントロールされている。

不均一な河床がつくる多様性

河床基質の何に焦点をあてるかによって、さまざまなタイプ分けができる。例えば、物理的な側面である河床基質を構成している素材から見ると、生きている有機物、死んでいる有機物、鉱物の三つに分けることができる。生きている有機物には藻類・コケ・大型植物などが含まれ、死んでいる有機物には葉・木質の破片など、鉱物には砂利やシルトが含まれる。

河床基質の素材の大きさに焦点をあてると、河床基質の粒径や粒径のばらつきといった点が重要になり、大きい小石、砂利、細かい砂（粒径〇・五～二ミリメートル）、泥（粒径〇・五ミリメートル以下）、枝葉が集まっている、植物で覆われている、という大きく六つのタイプに分けることができる。

これ以外にも、河床基質の上にたまる物質の量や、河床基質が流されやすいかどうかといった安定性からタイプ分けすることもできる。

一般的に、石の粒径サイズが大きくなると河床は安定する。また、河床が安定し落葉の量が増えると、生き物の種数や個体数も増加する。河床が小さい砂から構成されている場合、河床は不安定となり、生き物の種数は少なくなる。よって、大きい石が多い瀬では、シルトが多い淵よりも生き物の種数や個体数は多くなる。しかし、瀬でもシルトが多く混じっている場合は、その違いは小さくなる。河床が大きい石で構成されていたとしても、石の隙間にシルトがたまり、石の埋めこみ度が増すと、生息する生き物の種数や個体数は少なくなるのである。隙間が詰まることによって、水の動きが変わり、酸素や餌を得るチャンスが減ってしまうからだ。

一般的に、河床の石が大きいということは、大きな石から砂利などの小さな石までのさまざまな大きさの石で河床が覆われているということになる。それはつまり、河床がより複雑な構造になっているということである。いろいろなサイズの石が混じっていると、生き物が群集を形成するためのさまざまな空間ができ、水の流れ方が多様になるため、それをいろいろな生き物が利用できるということになる。さらに、河床基質の中の空間的な大きさや広がりも多様になる。また、小さい空間が多くなれば、小さな生物にとって利用可能になる生息空間が多くなるため、生き物の種数と個体数も多くなる。河床基質が均一でないということは、川に生息する生き物の個体数を増やし、多様性を高めるのに重要なのである。

このように、生き物の種数や個体数は、河床の石が大きくなるにつれて増えていくが、増え続けるわけではない。巨岩ぐらいまでになると、逆に減っていく。その理由は、生息する空間が減少するからだと思われる。だから、石の大きさや河床基質の不均一性と生き物の種数や個体数などとの間には、線形の関係性はないといえる。

サケ類は、粒径〇・二〜六・三ミリメートルの河床基質の上に産卵床をつくり産卵する。河床基質の石が大きすぎると、産卵床はつくられず、小さすぎたりシルトが多かったりすると、卵や稚魚の死亡率が増加する。河床基質が異なると、そこに生息する生き物が異なるだけでなく、生き物の密度や生活史そのものも違ってくるのである。

渓畔林の有無や渓畔林からもたらされる落葉の量によっても、河床基質の状態は変化する。落葉が集まった場所には、ほかの場所よりも多様で多くの底生動物が生息している。こういった場所の落葉は細かくなっていることが多く、一枚の葉の状態よりも表面積は大きくなっている。落葉が集まった場所に生息する底生動物の個体数や種数が多くなるのは、単に表面積が大きいからであり、単位面積当たりの個体数を調べると、落葉のない場所の密度とそれほど変わらない。しかし、落葉はある種の底生動物の食物源の一つになっているため、ほかの基質とは違う役割も担っている。また、渓畔林からもたらされる倒木の量が増えると底生動物や魚の種数も多くなる。この場合、倒木は食料源というより生息地の不均一性を高める役割を果たしている。

空間の広がりをつくる石

川に一つだけ石がある場合、その石が大きい時と小さい時で、そこに生息する生き物の種数や個体数は大きく違ってくる。大きい石のほうが種数や個体数は多くなる。しかし、個体数密度は小さくなるのである。小さい石のほうが大きい石よりも、体積のわりに表面積が大きくなるからである。これは、石が一つだけの場合であって、多くの石が集まる場合は、大きい石のほうが生き物の密度も高くなる。石のサイズが大きくなると、石の間にできる生息空間が広がり利用できるようになるからである。

個々の石の表面の粗さなども、生息する生き物の種数に影響を与えている。表面が複雑になればなるほど種数は増える。

水の中に存在するどんな石にも、流れの上流側と下流側があり、流れのあたり方が違う。石の上面や側面にあたる流れの強さも、ほかの面とは違っている。また、同じ上流側であっても、面の形状によって水の流れ方や強さは異なる。よって、生き物が水の流れから受ける影響も、生息している面や石の形状によって異なってくるといえる。

河床基質にできる空間の広がりは、河床を形成する石の形状・大きさ・はまり度（浮石かどうか）などによって異なる。空間の広がりが大きいほど多くの水が流れるため、酸素供給量も多くなる。

pHと水生生物

底生動物の中には、川のpHが低いと生息できない種がいる。一方、カワゲラなどpHが低くても生息できる種もいる。低pHの川で生息しにくいのは、生き物が生理的な影響を受けるからだ。水生昆虫だけでなく魚も低pHの影響を強く受ける。

一般的に、pHが低くなると死亡率は高くなっていく。それは、pHが低いと土壌などから渓流中にアルミニウムが溶け出して、渓流中のアルミニウム濃度が高くなることがあるからだ。死亡率は土壌から溶け出したアルミニウムがあるかないかで大きく異なってくる。渓流中にアルミニウムが〇・三五㎎／L存在すると、pH五・〇でもサケやマスの死亡率が高くなるが、渓流中にアルミニウムがなければ、pH四・三あたりから徐々に死亡率が高くなっていく。

pH六・五程度の少し酸性に傾いているだけの川でも、その原因がカルシウムイオン（Ca^{2+}）の少なさにある場合、強度に酸性化している川と同じぐらいの影響がある。カルシウムの量が少ないと細胞のイオン浸透に問題が起こり、特に大型甲殻類・ザリガニ・軟体動物などの殻や表皮が分泌されなくなるからである。

pHが低いと生態学的にも影響は大きくなる。例えば、酸性化していない川では、餌生物の種数が多いため、栄養的な多様性が大きくなる。また、落葉なども急速に分解されるため、微粒状有機物（FPOM）の供給が増え、藻類の質や量も高くなる。しかし、酸性化している川では、餌生物の種数は極端に少なくなり、栄養的な多様性も低くなるため、たとえ酸性環境に耐えることのできる種がいたとしても、餌の少なさから生息できなくなってしまうからである。

酸性の川とは対照的に、中性から弱アルカリ性（pH＞七・〇）の川では、生き物はpHの影響を受けにくい。

酸性・アルカリ性を問わず、空間スケールの小さい範囲で水質を比較しても、場所による違いははっきりしない。そのため、小スケールでは、生き物の分布状態を水質と関連づけることができない。しかし、流域間や地域間で水質を比較してみると、生き物の分布パターンには水質が大きく関与していることがわかる。水質は、気候、地質、土地利用、栄養、伝導率、水温、流域面積、源流からの距離などの影響を受けているが、これらの要因の違いは流域間や地域間で異なってくるからである。

流れを活かすもの、回避するもの

流れがないと生き物の生息場所がなくなってしまうが、流れがあると下流へ流されてしまう可能性が生じる。下流に流されないために、生き物は流れに対峙したり流れから逃れたりと、さまざまな形で流れに適応している。生息に好ましい流れの状態は種によって異なるが、流れの状態に対して可能な限りの適応を行っている。瀬と淵に生息する種が異なるのも、その実例である。あるエリアに流れの状態が異なる場所がいくつかあると、そこには多様な生物が生息できるということになる。

生き物への流れの影響は、前述のレイノルズ数と関係している。レイノルズ数が大きいと慣性が大きく、動き回りやすい。レイノルズ数が小さいと粘性が大きくなり、じっとしやすい。魚のような高いレイノルズ数をもつ大型の生物では、慣性力のほうが粘性力よりも勝るため、自由に水中を泳ぐことができる。その代わり、流されないようにするために、相当のエネルギーが必要になってくる。一方、低いレイノルズ数をもつ体が小さい生物においては、粘性力のほうが慣性力よりも高いため、自由に動こうとしても蜜の中を泳ぐような状態になり、少しでも動きを止めると完全に移動できなくなってしまう。このことは、低いレイノルズ数をもつ生き物にとっては利点にもなっている。粘性のコーティングによって、流れから保護されていることになるからである。

流れの速さは、底生動物の巣や網の構造・移動・ドリフト・テリトリー・呼吸などさまざまな行動に影響を及ぼしている。例えば、ある種のトビケラ幼虫は石と石の間に網を張って、その網に引っかかったものを餌としているが、その網は種によって異なった決まった範囲内の流速の場所に張られている。網の近くに障害物ができると、網に流れる水の量が減るので、その網を捨てて、より流れの速い場所に新しい網を構築する。

水の流れは、付着藻類の分布や量にも影響を及ぼしている。蛇行区間レベルの生き物の分布状態は、基本的には流速によって決まってくるが、種によって河床基質の好みも異なり、光や水温も生き物の行動に影響するため、一つの指標で決まってくるわけではない。

コラム　渓流における人工構造物がつくる新しい生態系

渓流につくられる大きな人工構造物として頭に浮かぶのは、砂防ダムでしょう。砂防ダムには、砂防法にもとづいて国土交通省が管轄する砂防堰堤と、森林法にもとづいて林野庁が管轄する治山堰堤（治山ダム）があります。でも、構造物の形はほぼ同じです。管轄の目的が違うだけです。治山堰堤は、河川の勾配を緩くして、保安林を健全に生育させるためにつくられます。一方、砂防堰堤は、森林からもたらされる土砂を貯め、土砂で川底が削られるのを防ぎ、水の流れを遅くするためにつくられます。どちらも土砂が貯まることで、川底が上がって山くずれを防止でき、川幅が広くなって水の流れを遅くできます。

渓流では、水と一緒に土砂や流木も流れています。これらをどのように扱うかによって、砂防ダムを不透過型と透過型の大きく二つのタイプに分けることができます。不透過型の堰堤の上流では、土砂が貯まると川の勾配がゆるくなり、川幅も広がって水の流れるスピードも遅くなります。つまり、大雨と一緒に大量の土砂が流れてきても、堰堤の上流側で流速が遅くなり、既に貯まっていた土砂の上に新しい土砂が積もっていくことになります。土砂を貯める量を確保するために土砂を取り除くこともありますが、土砂で堰堤がいっぱいになっていても、それなりの効果は持続します。ただし、不透過型の堰堤によって土砂の動きが止められると、下流に土砂が流れなくなり、河床の低下や海岸線の後退が起こり

不透過式堰堤（福島県只見川支流）

透過式堰堤（奈良県四郷川）

ます。下流側への川砂の供給がストップするからです。

透過型の堰堤の場合は、少し様相が異なります。平常時の透過型の堰堤では、水も土砂も下流に流れていて溜まりません。大雨などによって土砂や流木が大量に流されてくると、大きな岩や流木などは堰堤に引っかかりますが、それ以外の小さな粒径の土砂や水は堰堤を透過していき、下流にも土砂がもたらされます。しかし、その堰堤にひっかかった岩や流木は、次の土石流に備えて取り除いておかなければなりません。この透過型の堰堤（スリットダムともいう）の特徴は、普段の土砂の流下や水生生物の移動を妨げずに、大雨のときの土石と流木の対策ができることです。ただし、透過型のダムであっても、魚の遡上を阻害することもあるため、一部では魚道も設けられています。

一般的に、ダムは上流と下流のつながりを分断しています。ですから、川の下流で成長し、源流部で繁殖を行うような生き物にとっては大きな壁になり、種としての存続が困難になることもあります。サケ科魚類などの移動にも、ダムは深刻な影響をもたらしています。魚道を設けると、ある程度は川の連続性が保たれますが、万能ではありません。ダムの下で魚を捕まえて、人為的に人がダムの上流に輸送するという方法もあります。魚類の生息を確保するには妙案ですが、すべての個体を移動できるわけではないうえに多くの費用がかかります。他にも、イワナやヤマメなどのサケ科の稚魚を孵化場で飼育し、ダムの上流で放流するという方法もあります。しかし、これらすべての方法で、サケ類が下流に移動しようとする際には再度問題が生じてしまいます。つまり、ダム建設をすると、最悪の場合、川からある種を絶滅させてしまうこともあるのです。

自然豊かな渓流の中にある砂防ダム（高知県黒尊川）

ダムがあると、その上流側と下流側とで河床の状態が大きく変わるため、生き物の群集構造も大きく変わってしまいます。多くの場合、ダムの下流では流量が減っているので、水生昆虫の種数も減少します。しかし、ダムの下流河川にできる生息環境を好むものもいます。流れが安定するかわりにダムからもたらされる懸濁物質の量が増えるため、シマトビケラなどのフィルターラー（第4章参照）の密度は増加します。

ダムの上流と下流にできる生息環境は、ダムのない状態とは異なるので、ダムをつくると流域全体として生息場所の多様性が増えることになり、生き物の多様性が上がることもあります。この事実を理由に、「ダムがあると多様性が上昇する」という理論を展開する人たちもいますが、それは違います。ダムの犠牲になっている生き物も存在するわけですから。生き物の生息環境を破壊して、もともと自然界にない人工物のダムをつくっているので、必要悪として認めることはあっても、礼賛はできません。

近年、砂防ダムの功罪のうちの罪の部分に焦点を当てて、砂防ダムを撤去する動きもあります。群馬県赤谷プロジェクトは、その一つです。ただ、砂防ダムは自然環境の中につくられることが多いため、建設から何十年もの歳月がたつと、そのダム自体が自然環境の中に溶けこんでしまっている場合があります。そのような場合、ダムを撤去するということは新たな人為を自然環境にもちこむことになります（長年かけて築かれてきたダムを含めた自然環境が破壊されてしまうということ）。また、ダムを撤去するためには重機を持ち込む必要もあり、直接的に自然を破壊することになります。生き物の移動が制限された状態を放置するのはよくないため、ダムの横に小さな通路をつくるなどで川の連続性を保つことができれば、そのまま何もせず放置するほうが自然豊かな環境を保持できるのではないか、と考えています。

第4章 生き物どうしの関係

これまでは、おもに生き物と環境との関係について述べてきた。ここからは、生き物が生きのびていくために必要な生き物どうしの関係性を紹介していこう。生き物どうしの関係性は、大きく次の二つに分けることができる。繁殖にかかわることと餌にかかわることである。繁殖と採餌という生き物どうしの相互関係が起こると、大なり小なり生き物の群集構造は変化する。ただ、生息している川の環境が安定した状態である場合、繁殖や採餌によって、個体数が増えたり新しい種が増えたりして生物相に何らかの影響を与えたとしても、群集構造が大きく変化するようなことはない。しかし、川で攪乱が起こると、捕食者がいなくなったり餌生物がいなくなったりする可能性がある。繁殖相手がいなくなったり、産卵場所が喪失してしまったりする可能性もある。そうなると、これまでに構築されていた食物連鎖が壊れたり繁殖行動がとれなくなるため、群集構造は大きく変わることになる。そして、その群集構造の変化の度合いは、攪乱の程度によって異なってくるのである。

さまざまな察知能力

生物間ではさまざまなやりとりが行われている。繁殖に関するやりとりの中でおもなものは、音や化学物質などを使った情報の伝達と縄張り争いである。

情報伝達の方法

川では水が上流から下流に向かって一方向に流れているため、ある情報を伝達するには、さまざまな制約がつきまとう。それでも、情報を伝えることとその情報を受け取ることは生き物が行動していくための重要な要素となっている。

コミュニケーションの媒体の一つは音や振動だ。カワゲラの成虫は繁殖行動の一つとして、オスが腹部で樹木をたたいて特別な音を出し、それにメスが応えるという、音を使ったコミュニケーションを行っている。アメンボは、脚に感覚器をもっており、獲物が水面を動くときにできる水面上の波の振動を、この感覚器を使って検出し獲物を獲得している。彼らは、求愛のときにも脚を使って水面に波をつくっている。

二つ目の媒体は視力である。視力は、捕食者を回避するという観点からとても重要だ。魚を見ようとして川をのぞくと、魚はあなたの影にいち早く気づき、さっと岩陰に隠れてしまい、魚を見ることができなかったという経験があるだろう。魚の視力も大したものである。魚の餌となる大型のカワゲラやカゲロウの幼虫も、何かが近づいてきたことを流れや光（影）の変化で感じ取り、さっと移動してしまうのである。甲殻類の多くは、わずかな光の変化にも非常に敏感である。ヒルも、影の変化を利用して、宿主となる生き物を見つけている。魚の場合、イワナなどのサケ類は基本的には夜にも行動する。日中は淵の深いところなどでじっとしており、夜間に餌をとるために動き出すことも多い。この行動も、より大きな魚や鳥など人間も含めた捕食者からの捕食を避けるための反応の一つである。

三つ目のコミュニケーションの手段は、フェロモンなど低分子の炭化水素からなる化学物質を使ったものである。川は常に一定方向に流れているため、上流側から下流側に向かって化学物質による信号を絶え間なく伝達することができ、永続的に受信することもできる。つまり、ある生き物が出す何らかの化学物質による信号を捕食者が受信することによって、捕食者は餌の居場所を特定することができ、餌を確実に獲得できるのである。例えば、捕食性のヒラタウズムシは、傷ついた生き物から出る化学物質を検知することで、餌生物の居場所を特定し餌を獲得している。ヒルも、水中を漂う化学物質や水の振動による信号によって、餌生物の居場所を特定している。

匂いも化学物質の一つであり、生き物の行動に影響を与えている。例えば、カゲロウ幼虫は夜間にドリフトを行っているが、カゲロウの捕食者となるサケ類が生息する渓流では、ドリフトを行う個体数や頻度は少なくなる。魚の匂いを感じ取ることにより、このような行動がとられると考えられている。しかし、実験的に匂いだけを川に流すと、最初は活動量を減らすが、一日たったころにはもとの状態に戻ってしまう。つまり、行動が変化するのは、匂いが存在するからだけでなく、魚自体の存在も影響しているといえる。

テリトリーを守る

ある場所に棲み着いている生き物にとっては、いつも餌をとっている領域を守る必要がある。例を挙げてテリトリーの守り方を紹介しよう。

携巣型のトビケラは、巣の中に生息している。ということは、巣とともに移動しない限り動けないということであり、動かない巣という避難場所に居続けるということである。餌を食べる場合は、巣から体を乗り出して餌（藻類）を食べる。その採餌スタイルは、捕食者に食べられるという危険を冒すことにはなるが、できる限り体を伸ばして遠くの餌を食べることによって、テリトリーとしての周辺の積極的な防御にもなる。

網を張るタイプのトビケラは、良質な餌をたくさん獲得できて、生息環境としても良好な場所を常に探している。より多くの餌を獲得できそうな場所を見つけると、それまでの網を捨ててそこに新しく網を張る。もし、そこに生き物がすでに生息していたら、網を張るためにその生き物を追い出そうとする。シマトビケラは網を張るタイプだが、彼らは警告音を出すことができる。すでにそこに生息している生き物を追い出したり、侵入しようとするほかの生き物を追い払ったりする際に、その警告音を利用している。このような競争に勝つのは、一般的には大きな個体と決まっているが、シマトビケラの場合は、警告音の大きいほうが勝つようだ。

水の流れが速い場所にはブユの幼虫が群れて生息していることがある。そのような場合、テリトリー争いが繰り広げられている。上流から流れてくる餌を手に入れるためには、他個体よりも上流側に生息しているほうが有利だ。下流側に陣取っている個体はなるべく上流側に移動しようとするため、上流側の個体に何度も〝どけどけ〟とちょっかいを出す。上流側の個体は攻撃されたくないので、攻撃されないだけの距離を保ちながら上流側に陣取ることになる。その結果、群れで生息していても、それぞれの個体の間隔はほぼ均一になっている。

魚の場合のテリトリーは繁殖場所を示すことが多い。しかし、カジカやサケ類など、瀬にも生息するような魚の場合は、餌場としてのテリトリーも守っている。

カワガラスのような渓流に生息する鳥も、繁殖期の三〜四週間は渓流域にテリトリーを張っている。テリトリーの大きさは、渓流における生き物の豊かさに応じて変化し、多くの生き物が生息しているような渓流では比較的小さい。また、テリトリーの大きさは水質によっても変化し、例えば、酸性河川だと生息している生き物の数が少なくなるので、テリトリーは数キロメートルと長くなる。

餌をめぐるやりとり

餌にかかわるやりとりには、食う食われるという食物網、餌をめぐる生き物どうしの競争、ある生き物がほかの生き物に依存している寄生が含まれる。

餌と消化

生き物由来の物質の破片や微生物の死骸、落葉の破片など微細な有機物粒子のことをまとめてデトリタスという。こういったデトリタスを餌として食べている生き物は、タンパク質、炭水化物、脂質を含む餌を消化するために必要な消化酵素をもっている。ある生き物を餌として口に入れることができるかどうかは、その生き物を消化するための酵素をもっているかどうか、で決まってくる。

消化酵素の活性化には温度が関与している。つまり、水温は餌を消化するスピードに影響を与えているといえる。これは摂食する餌の量にも影響を与えていることになる。水温が上昇すると、体の代謝速度は速くなるため、餌の摂食量も多くなる。

一般的に、冬は水温が低くなるため、餌の摂食量が少なくなり、生き物の成長はほとんど見られなくなる。しかし、温帯域の渓流に生息している多くの生き物の場合は、水温が〇℃近くでも成長することができる。晩秋には、渓畔林から落葉が渓流にもたらされる。ある種のカワゲラは、その落葉が集まっている場所に高密度で生息しており、落葉を餌として摂食している。落葉の分解は、その大部分が冬に行われている。それはつまり、冬に多くの落葉が餌として食べられているということを示している。水温が低いため、代謝速度は遅く、体の成長スピードも遅くなるが、彼らは冬に成長することができるのだ。

餌の分布と採餌効率で決まる行動

生き物が餌を食べる場所や滞在する時間は、餌がどのように分布しているかによって変わってくる。付着藻類が生育しているところと生育していないところが混在している場所に、藻類を餌にしているトビケラを入れて彼らの行動を調べてみると、付着藻類のないところからあるところへと移動することや、付着藻類が生育しているところでは、多くの時間を費やすことがわかる。藻類を食べる水生昆虫の場合、藻類が多く生育している場所では、必然的に多くの時間を過ごすことになるといえる。

コカゲロウも、餌の量に応じて滞在時間が変わり、餌の摂取率がある一定レベルを下回るとその場所を離れるようである。網を張るタイプのイワトビケラも、餌の引っかかる率が下がると、その網を手放し、より多くの餌が得られる場所に移動している。

水面に生息するアメンボの場合は、水中に生息している昆虫とは様相が少し異なる。彼らは獲物が水面を動くときにできる振動を検出して水面で餌生物をつかまえているのだが、餌の大きさと手に入れやすさとの間には何の関係もない。また、餌生物がたくさんいても、その場所にとどまるわけではない。

表4-1　摂食機能群

シュレッダー	デトリタス食者や破砕食者ともいう。落葉を細かくして、付着している菌類とともに落葉を食べるもの	カクツツトビケラ科、オナシカワゲラ科など
コレクター	上流から流れてきた小型・中型の粒子状有機物を食べるもの	ユスリカ科など
グレーザー	付着藻類を剝ぎ取って餌とするもの	ヒラタカゲロウ科、ヤマトビケラ科、ニンギョウトビケラ科、ヤマトビケラ科など
フィルターラー	石と石の間に網を張って、上流から流れてくる懸濁粒子（小型・中型の粒子状有機物）を捕獲し、ろ過して餌にしているもの	ヒゲナガカワトビケラ科、シマトビケラ科など
プレデター	動物を捕食するもの	カワゲラ科、ナガレトビケラ科、イワトビケラ科など

むしろ、餌になる生物がたくさんいると、多くのアメンボが集まってきて団子状態になり個体間での餌をめぐる競争が起こるため、餌の捕獲効率が下がることになる。

餌の獲得方法、五つのタイプ

川に生息する水生昆虫の餌の獲得方法は、種によって異なっている。餌の獲得の仕方にもとづいて、川に生息する水生昆虫を五つの摂食機能群（シュレッダー、コレクター、グレーザー、フィルターラー、プレデター）に分類することができる（表4－1）。

摂食機能群という分け方を利用すると、複雑な群集変化をわかりやすく表すことができる。例えば、環境が変化すると水生昆虫の群集構造も変化するが、何十種類もの生き物の変化をわかりやすく表すことは困難である。しかし、摂食機能群による分類を使うと五つのグループの相対的な変化としてわかりやすく表すことができる。また、水生昆虫の形態と餌生物との関係も摂食機能群という分け方を使うとわかりやすくなる。

しかし、餌の種類や摂取の仕方は、生息場所・季節・成長度合いによって異なってくる。そのため、ある生き物をどの摂食機能群に位置づけるかはかなり複雑で難しい。さらに、このグループ分けに使う要素は、どのように餌を摂取するかという機能的な側面なので、異なる摂食機能群に当てはまる餌を一緒に採餌していたとしても、考慮に入れることはできない。例えば、シュレッダー（落葉破砕食者）は落葉を餌として摂取しているが、落葉に付着している藻類・バクテリア・菌類も一緒に食べている。しかし、摂食機能群によるグループ分けでは、シュレッダーと定義づけされる。

カゲロウ目の幼虫は、グレーザーやコレクターであることが多く、藻類や細かいデトリタスを食べている。カゲロウ目には、シュレッダーはあまりいないが、数種のマダラカゲロウやトビイロカゲロウの一部はシュレッダーである。

カワゲラ目の幼虫は、おもにシュレッダーとプレデターから構成されている。一般的には、小型のカワゲラはシュレッダーであり大型のものはプレデターであることが多いが、例外もある。

ハエ目のユスリカ科の多くはコレクターである。しかし、ガガンボ科の多くは、腐葉した葉を餌とするシュレッダーである。

多様な餌

水生昆虫の胃の内容物を調べると、彼らがふだんおもに何を食べているのか大体わかる。しかし時には、胃の内容物を調べても固形状のものがまったく見えず、形のない液体状態のものしか見つけられない場合がある。こういった場合、本当に何も食べていない場合もあるが、小さいプランクトンのみを食べており、調べようと思ったときにはすでに消化されてしまったあと、ということもある。

落葉などの死んだ有機物が川にもたらされると、その上には微生物が繁殖する。この菌類などの微生物が繁殖したものをリターという。落葉を餌としている水生昆虫は、リターを餌としていると考えて間違いない。なぜなら、落葉が川にもたらされると、数日のうちに菌の繁殖が始まるからだ。落葉の上に繁殖する菌の種類が異なると、落葉の分解度合いや香りも異なってくるようで、リター食の水生昆虫は、香りなどを頼りにそれぞれの好みの菌が繁殖している葉を識別して、摂食している。

水生昆虫を餌としている水生昆虫（プレデター）の場合、一般的には、捕食者と被食者は同じ場所に生息していることが多い。しかし、捕食者の種によって、餌を捕獲できる能力は異なっている。また、被食者の種によっても、捕食から逃れるメカニズムは異なる。さらに、ある捕食者の餌生物はほかの捕食者の餌生物であることが多い。

ユスリカ幼虫は多くの種類の捕食者の餌になっている。ユスリカにはさまざまな種類が存在するが、それぞれが独自の生活史をもっており、成長のスピードも異なる。つまり、種を問わなければ、ユスリカは一年中、川に生息しているということであり、捕食者にとっては、ユスリカという餌をいつでも獲

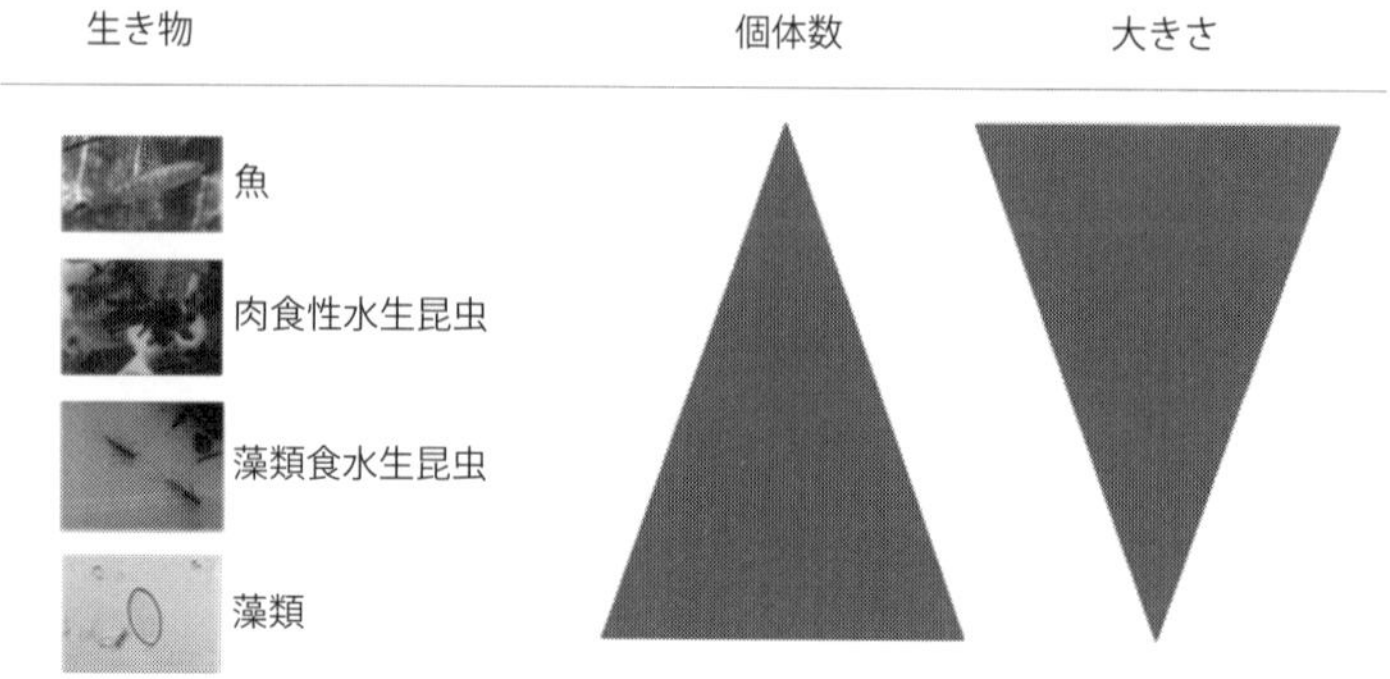

図4-1　生き物の栄養段階による個体数と体の大きさの関係
栄養段階が低い生き物の場合、個体のサイズは小さいが個体数はかなり多い。その一方で栄養段階が高い生き物の場合、個体のサイズは大きいが個体数はかなり少ない。

得できるということを意味する。

一年中渓流中に生息しているグループの生き物を食べないのであれば、たまたま捕獲できたものを食べるしかない。ただ、餌となる生き物を決めて、その餌生物の生活史に合わせて捕食者自身の生活史も変化させる種も存在する。

成長とともに変化する餌

摂取できる餌の大きさは、捕食者の大きさ（口器の大きさ）と関係している。餌の大きさがある一定のサイズを超えると摂取できなくなるため、無理な大きさの生き物を餌として捕獲することはほとんどない。捕食者が成長して大きくなると、摂取する餌も大きくなっていく。また、捕食者の大きさに比べてかなり小さい餌も、効率が悪くなるため摂取したがらない。ただし、大きすぎる餌は摂取できないが、小さすぎる餌は摂取することが可能である。つまり、捕食者が大きくなるにしたがって、餌となる生き物の大きさの範囲も広くなっていくことになる（図4-1）。

多くの水生昆虫は、成長とともに餌の種類を変えている。捕食性の水生昆虫であっても、若齢の間はデトリタス食であることが多い。例えば、クサカワゲラ属の中には、成長するにつれて草食から完全な肉食に変わる種が存在する。季節によって餌が変化するものもいる。

羽化することによって、多くの水生昆虫は水の中から陸へと生息空間を変化させるが、それに合わせて餌の種類も大きく変わる。カワゲラ成虫には、羽化後、餌を必要とするものと必要としないものがいる。幼虫の間は捕食性であったカワゲラ科も、成虫の間は餌を必要としない。

一般的に、成虫期間が短い種は、羽化する段階で体が成熟しているため、餌を必要とせず、森林地帯に移動しないで渓畔林で交尾を行い産卵する。一方、寿命の長い種は、羽化の段階で体が成熟していないものが多く、最も近い森林に移動して、数日から数週間、藻類、葉、花粉、樹液などを餌として摂取し、体を成熟させた後、渓流に戻ってきて産卵する。

カゲロウの成虫はまったく餌を食べない。ブユの場合、幼虫の間は小さな有機物を食べている種が多いが、成虫になると、特にメスの場合は卵を成熟させなければならないため、栄養価の高い血液を摂取するようになる。羽化後の最初の卵塊を成熟させるためだけならば、血を摂取しなくてもよい種もいる。しかし、産卵を続けるためには、卵の成熟のために血が必要となってくる。オスは、栄養価の高い餌を摂取する必要がないため、飛翔のエネルギー源として花の蜜を吸っている。多くのユスリカ成虫も蜜を吸うが、ハエの糞、花粉、アブラムシの排泄物も食べている。

このように、ほとんどの水生昆虫は成虫になると餌の種類を変える。しかし、トンボは成虫になっても捕食性のままである。

餌場をめぐる熾烈な争い

藻類を食べるグレーザーがたくさんいると、その場所の藻類が著しく少なくなっていることがある。そのような場合、餌をめぐってグレーザー間で競争が起こっていることが多い。

石と石の間に網を張るフィルターラーにとっては、網を張る場所をめぐる競争に勝つことが重要だ。上流側に張られた網によって多くの餌が捕獲されてしまうと、下流側の網には餌があまり引っかからなくなってしまうからだ。

フィルターラーの代表的な生き物はシマトビケラだ。シマトビケラはかなり攻撃的な生き物なので、場所をめぐる争いは激しい。シマトビケラがつくる網はかなり性能がよく、効果的に水を濾過して必要な有機物を獲得することができる。だから、上流側にシマトビケラ幼虫の網があると、動物プランクトンなどからなる有機物はほぼ除去されてしまう。そして、下流側に網を張らざるを得なかったシマトビケラは、前述した通り、威嚇音を出して上流側に生息するシマトビケラを追い出して、よりよい生息地を獲得しようとする。河床の比較的安定した攪乱の少ない川では、シマトビケラ幼虫が高密度で生息することが多いが、このような川では熾烈な競争が行われているのである。

餌が少なくなると、シマトビケラのように種内で餌をめぐって争いが起こるのは生き物の常である。そのため、生息地を分け合うという行動をとるものもいる。例えばサケ科魚類では、齢数の高い個体は淵などの生息しやすい環境に生息地を確保し、若い個体は生息しにくい浅瀬などを生息地にすることが多い。

渓流魚とその餌である底生動物との間には、一定の関係性があり、底生動物の幼虫・蛹・成虫の個体数が変動すると、魚の個体数も一年遅れで変動する。餌が少ないと生きるのに精いっぱいで繁殖行動があまりできないからである。これは、鳥のカワガラスも同じで、餌となるトビケラ幼虫の個体数が一〇倍に増えると、繁殖ペアの数は二〜三倍に増える。

プレデターはどうやって餌を取るか

川はさまざまな生き物であふれている。その中には当然プレデター（動物捕食者）もいる。水の中で生息する生き物の中では魚がおもなプレデターだが、水面ではアメンボやミズスマシ、河床ではカワゲラ目やトビケラ目、双翅目などの数種がおもなプレデターになる。

プレデターは、さまざまな方法を用いて餌となる生き物を探している。魚は視覚を使うことが多いが、濁った川で視界が悪い場合は、触覚と嗅覚の情報を使っている。河床に生息する水生昆虫はあまり視覚を使わない。触角や脚の毛を使って水の動きを感知し、餌生物の存在を認識している。網を張るトビケラでは、餌が網にかかったときの網の動きを検知して、急いで獲物を取りに行っている。水面を生息場所としている昆虫の場合は、視覚を使うものもいるが、アメンボのように、獲物が水面を移動する際に生じる波を感知して、獲物を得ていることが多い。

餌となる生き物を特定の種に限定してしまえば、餌をめぐる競争はかなり少なくなる。しかし、その場合、何らかの原因で餌生物が減少したら、自分たちの餌がなくなってしまうなど、いろいろな意味で危険性が伴うため一般的ではない。よって、プレデターはさまざまなタイプの餌を獲得している。また、獲物を検出する方法、捕獲の仕方、捕獲のための生息地の使い方など、捕食の手法は種によって異なる。

餌が十分にある状態なら、プレデターの数が多くても餌生物の群集状態にあまり影響はない。しかし、カワガラスのように（カワガラスはエグリトビケラを捕食する傾向にある）、特定の目につきやすい生き物を餌として利用する場合、餌生物の群集状態に大きな影響を与えることがある。

餌生物の密度が高くなると、単位時間あたりに捕獲できる餌の数も増えていく。しかし、プレデターが満腹になったり、空腹ではなくなって餌を食べるのに時間がかかるようになったりすると、捕獲する餌の数は徐々に減っていく。

プレデターの密度が高いと競争が生じるため、餌の捕獲率は低下する。また、川に脊椎動物と無脊椎動物の両方のプレデターがいる場合（魚と水生昆虫など）、餌となる生き物の群集構造（種の多さや個体数の多さ）によって、プレデターの行動も異なってくる。例えば、プレデターである魚とカワゲラ、そして餌生物のカゲロウが川の同じ場所に生息していると仮定する。魚が生息していると、魚に捕食されないようにするため、カワゲラは餌生物を探すという行動をあまりとらない。そのため、カゲロウはカワゲラに捕食される危険から逃れることができる。

しかし、魚が少し遠くにいる場合、カワゲラは、餌を得るための行動を始める。例えば、カワゲラが、小石の間に生息している餌生物を探すと、追い出される形で餌生物が石の下から出てくることがあるが、魚はその石の下から出てきた餌生物を食べることがある。魚にとっては、プレデターの水生昆虫がいてくれたほうが好都合といえる。実際、プレデターの水生昆虫が生息していると、魚の重量は約一カ月で三％程度増えるのに対し、いないと三％程度減るようだ。

渓流でよく見かけるコカゲロウやヒラタカゲロウなどは動き回っているため、プレデターも捕獲しにくい。しかし、ブユやオナシカワゲラなどはじっとして動かず、巣ももっていないため、プレデターは捕獲しやすい。だから、カワゲラなどの水生昆虫のプレデターは、動き回る生き物よりもじっとしている生き物を餌として捕獲する傾向がある。

食われる側はどう行動するか

被食者は食べられないようにするために、さまざまな方法を試みているが、どのような方法をとっているのかは、捕食者との関係性で変わってくる。

川の中にある岩の下流側の流れが弱くなっている場所は、流れから避難する場所として利用することができる。しかし、このようなところには、水生昆虫のフィルターラーがすでに網を張っており、流れから避難してきた生き物は餌として捕獲されてしまう。フィルターラーの多くは不特定の種を餌にしているから、ここに網を張る意義が生じるし、飢え死にしなくてすむわけである。

流れの速いところには、比較的速い流れに強い捕食性のカワゲラが生息しているが、そのような場所では捕食行動を活発に行うことはあまりできない。活発に行動を起こさなくても餌となる生き物はたくさん流されてくる。そしてブユの幼虫も、このような比較的流れの速いところに生息している。これは、速い流れに強いカワゲラでも、そのような場所では積極的に捕食行動を行わないという生態を逆手に取った、捕食者から逃れるためのブユの戦略でもある。流れの速い場所にいると、手に入れることのできる餌の量は減ってしまうが、捕食者から身を守ることができるのである。

カワゲラと同じように速い流れに強い捕食者であっても、ナガレトビケラの場合は状況が若干異なる。河床近くの流速が五〇cm／sと速くても、手に入れることのできる餌の量はほとんど変わらない。

一方、捕食者が魚の場合、コカゲロウやトビイロカゲロウなどの水生昆虫は、頻繁にドリフトして魚の捕食から逃れている。また、トビケラの巣は、大きな砂粒や枝で補強されていることが多いので、巣は捕食防止装置としても機能しているようだ。実際、サケ類がトビケラ幼虫を巣ごと食べた場合、吐き出すことが多い。

渓流に生息している生き物の三〜四種に一種はプレデターである。また、捕食者自身、少なくとも若齢のときは被食者だったりする。彼らは捕食リスクに応じて、形態や行動を変えて対処している。体自体を硬くする種もあれば、発色することで捕食から逃れようとする種もいる。棘や剛毛を発達させたり、持ち運びしている巣を大きくしたりするものもいる。夜間に活動したり、流れからの避難場所を利用したり、ドリフトを行ったり、化学物質を分泌したり、擬死や威嚇などを行ったりしてプレデターに対処しているのである。

このようにプレデターが存在すると、被食者は行動を変えざるを得ない。例えば、大型のプレデターであるオオヤマカワゲラの個体数が多くなると、夜間にドリフトするコカゲロウなどの被食者の個体数がかなり増加する。プレデターである魚がいないとアメンボは淵の水面全体を使用しているが、魚がいると淵の縁にとどまらざるを得なくなり、淵の縁近くに生息するアメンボの個体数が増加する。淵の縁側には、渓畔林から餌生物の陸生昆虫が落下してくるが、この餌生物をめぐる争いが、魚とアメンボ、およびアメンボどうしの間で激化することになる。

プレデターが存在すると、被食者だけでなく群集構造そのものも変化する。餌生物が捕食者に食べられる頻度が高くなり個体数が減るため、餌生物が摂取する餌の量も低下するからだ。また、餌生物であるグレーザーの採餌効率が悪くなり、藻類の全摂取量も減少する。つまり、プレデターがいると、グレーザーの個体数と藻類の量の両方に影響が及ぶということになる。

また、餌生物の採餌効率が下がると、成長率が低くなるため体が小さくなる。成長が遅れると、幼虫期間が長くなり、それによって捕食者にさらされる期間がさらに長くなるため、捕食のリスクがさらに高まってしまう。最終的な体の大きさも小さくなるため、卵数が少なくなるなど繁殖力にも影響が出てくることになる。

寄生という関係

寄生は、食う食われるという直接的な関係ではないが、それに近いかかわり方である。川に生息して

図 4-2　ミズバチに寄生されたニンギョウトビケラ
ニンギョウトビケラの巣から、長いリボンのような構造物が飛び出しているのが見える。

いる生き物は、種特異的に寄生虫の宿主になっていることが多い。つまり、ある一種の寄生虫はある一種の水生生物のみに寄生していることが多い。底生動物に寄生する生き物として、菌類、線虫類、ダニ類、昆虫類など多くの寄生生物が知られている。ある種の生き物が寄生されると、川に生息する生き物の群集全体に間接的な影響が及ぶこともある。

陸生の寄生昆虫としてよく知られているのは、ハチ目である。ハチ目には、淡水環境でも寄生を行っているものがいる。種特異的な寄生生物であるミズバチは、ニンギョウトビケラに寄生する（図4-2）。ミズバチのメスは、川の中に生息しているニンギョウトビケラを探し出し、巣の中にいるニンギョウトビケラの幼虫の体表面に産卵する。ニンギョウトビケラの巣から、長くて弾力のあるリボンのような構造物が飛び出していて、ひらひらと川の中をゆらめいているのを目にすることがあるかもしれない。それは、寄生したミズバチが呼吸するためにプラストロン（第3章参照）として機能している構造物であり、これがあることで、幼虫が寄生されているということが一目で認識できるのである。

水ダニも寄生するが、水ダニの成虫は捕食者であることが多い。水ダニの幼虫が、水生昆虫や半水生昆虫の成虫に寄生していることが多い。

コラム　ウナギのシラスはなぜ不漁なのか――川と海の物質循環

電力を賄うためにつくられる水力発電用のダムなど、大きなダムを川に建設すると、川の流量はかなり減少します。上流から運ばれてくる土砂も、その多くがダムの上流側に堆積します。よって、ダムの下流河川の土砂量は大きく減少します。また、洪水が起きにくくなるため、下流の氾濫原に栄養分が堆積しにくくなります。しかし、一旦ダムの水の放出が始まると、ダム湖にたまっていた堆積物が下流河川に放出されるため、下流河川ではさまざまな影響が生じます。堆積物の量が変化するだけでなく懸濁物質の種類も変化します。陸生由来の落葉からダムの植物・動物プランクトンに変化するのです。このダムの存在は、渓流や渓畔林などさまざまな生態系に、かなりの距離にわたって影響を及ぼすことになります。

ダムが存在することによる影響でもっと深刻なのは、沿岸域への潜在的な影響です。渓流で生成された栄養分が海に流れてこなくなるからです。世界的に有名なナイル川はその典型的な例です。ナイル川では一九七〇年にアスワンハイダムが完成し、年間の流量は以前の一〇%程度に減少しました。ダムができる前は、堆積物が下流に運ばれていたため、海からの侵食作用を打ち消すことができ、海に栄養分を提供することができていましたが、ダムができると、川の流量が大幅に減少し、海からの侵食の影響を打ち消すことができなくなり、海にもたらされる栄養分も少なくなりました。その結果、沿岸の生産

ダムによって分断された只見川

性が低下し、漁獲量が減少しました。

川と海を行き来する生き物にもダムは影響を及ぼしています。川と海を行き来しているよく知られた生き物は、サケ科魚類ですが、彼らは必ずしも海に行かなくてもいいのです。ダムの上流で大量に放流しても、サケは海に移動せずに、ダム湖を海と見立てて生息を継続することができるのです。しかし、海に行かなければならない生き物にとってはダムがあることは死活問題です。その代表的な生き物はウナギです。

私たちが食べているウナギの蒲焼きはほとんどが養殖ですが、もとをたどればその稚魚は天然ウナギです。しかし、天然ウナギの生態はあまりわかっておらず、生息数は減り続けています。ニホンウナギは太平洋のマリアナ諸島の西方海域で、初夏に卵から孵化します。その後、海流に乗って西に移動し、フィリピンの東側からは黒潮を利用して北上し、初冬には東アジア各地の沿岸に近づきます。この間に、柳の葉の形をしたレプトセファルスという幼生からウナギ形をした半透明のシラスウナギに体の形を変えます。冬になると、日本各地の河口域でシラスウナギを見ることができるようになります。このシラスウナギを採取し、養殖種苗として各地の養鰻池に移し、食材としての規定の大きさになるまで養殖します。養殖するウナギの数が足りないときは、外国から輸入して補っています。

天然ウナギの場合、日本各地の河口域に入ってきたシラスウナギは、その浅い海域でしばらく落ち着きます。その場所に居着くこともあります。川や湖沼に遡上していったシラスウナギは、しばらくすると体色が黒くなり、水環境が良好で、食料が豊富で、寝床になる潜りこみやすい砂泥質の河床や湖底を探し求めて、川をさかのぼったり湖沼をめぐったりします。その後、成長して腹部が黄色くなってきます。

春になって水温が約一五℃以上になり暖かくなると、甲殻類や小魚を食べるようになりますが、晩秋になり水温が下がると動きを止めて春まで越冬します。成熟するまでには一〇年近くかかります。成熟して秋になると、川を下り海に向かいます。

川の流路を遮断する河口堰やダムなどの人工構造物があると、ウナギは移動できなくなります。また、このような場所では水質が悪化し、餌生物も減少します。川や湖の岸辺が自然の状態で維持されていると、水生植物が繁茂し、餌生物が多く生息し、水質も良好で、ウナギの寝床も多くできます。ウナギが川で生息するためには、隠れたり休んだりするための自由に出入りできる岩や石のすき間が必要なのです。ところが、岸辺がコンクリートなどで人工構造化されると、ウナギの生息環境は変わってしまい寝床がなくなってしまいます。ウナギは栄養段階の上位に位置しているので、水域生態系において重要な機能を果たしているといえます。

第5章

渓流域における落葉の重要性

ここでは、渓流域での落葉や生き物の様子をお伝えしたいと思う。

渓流域のエネルギーの流れ

渓流域には太陽のエネルギーが継続的に注ぎこまれていて、渓流域に生育する植物は、このエネルギーを利用して光合成を行い、有機物を生産している。そして、この太陽のエネルギーは、有機物という形で、生産者である植物から消費者である動物へと移行している、といえる。この移行には、俗に食物連鎖といわれる草食動物から肉食動物への直接的な移行、植物が枯れたり落葉のように植物の栄養分が消費者である動物に移る間接的な移行、植物が微生物などによって分解される移行などが含まれている。また、このエネルギーが移行する過程で、一定の割合のエネルギーが、食物連鎖の段階が進むたびに生き物による呼吸や排泄によって失われている。生態系の栄養段階が上がるにしたがって、上位段階の生き物が利用できる総エネルギー量が減っていくのである。

渓流においては、太陽からの絶え間ない光エネルギーの流入があるだけでなく、太陽のエネルギーによって成長した渓畔林からもたらされる、落葉という有機物の絶え間ない流入もある。

有機物の循環

渓流では、渓畔林が川の上面を覆っているため、河床への日照が減少し、水生植物は育たず、藻類もあまり繁茂しない。落葉・枝・倒木などの渓畔林から渓流にもたらされた植物の遺骸や、渓畔林から落下した陸生昆虫が、渓流におけるおもな有機物となっている。そして、これらが渓流生態系における重要な役割を果たしている（図5-1）。

渓畔林からもたらされた落葉・落枝は粗粒状有機物（CPOM）として河床に堆積する。河床に堆積した葉からは、まず、可溶性の成分が溶け出してくる。その後、カビやバクテリアが葉の表面で繁殖を始める。この時点でCPOMである落葉の窒素成分の比率が高くなっており、栄養的にも食べやすさの点でも、底生動物にとって好ましい餌となっている。そのため、多くのシュレッダー（落葉破砕食者）が集まってくる。シュレッダーにとっては、渓畔林からの落葉・落枝の供給は欠かせない。底生動物によって細かく砕かれたり、物理的作用により破砕されたりして残った有機物や底生動物の糞は、微粒状有機物（FPOM）や溶存有機物（DOM）となり、これもまたほかの底生動物に利用され、この底生動物を餌とする魚類群へとつながっていく。また、渓畔林からもたらされた倒木は、それ自体が有機物

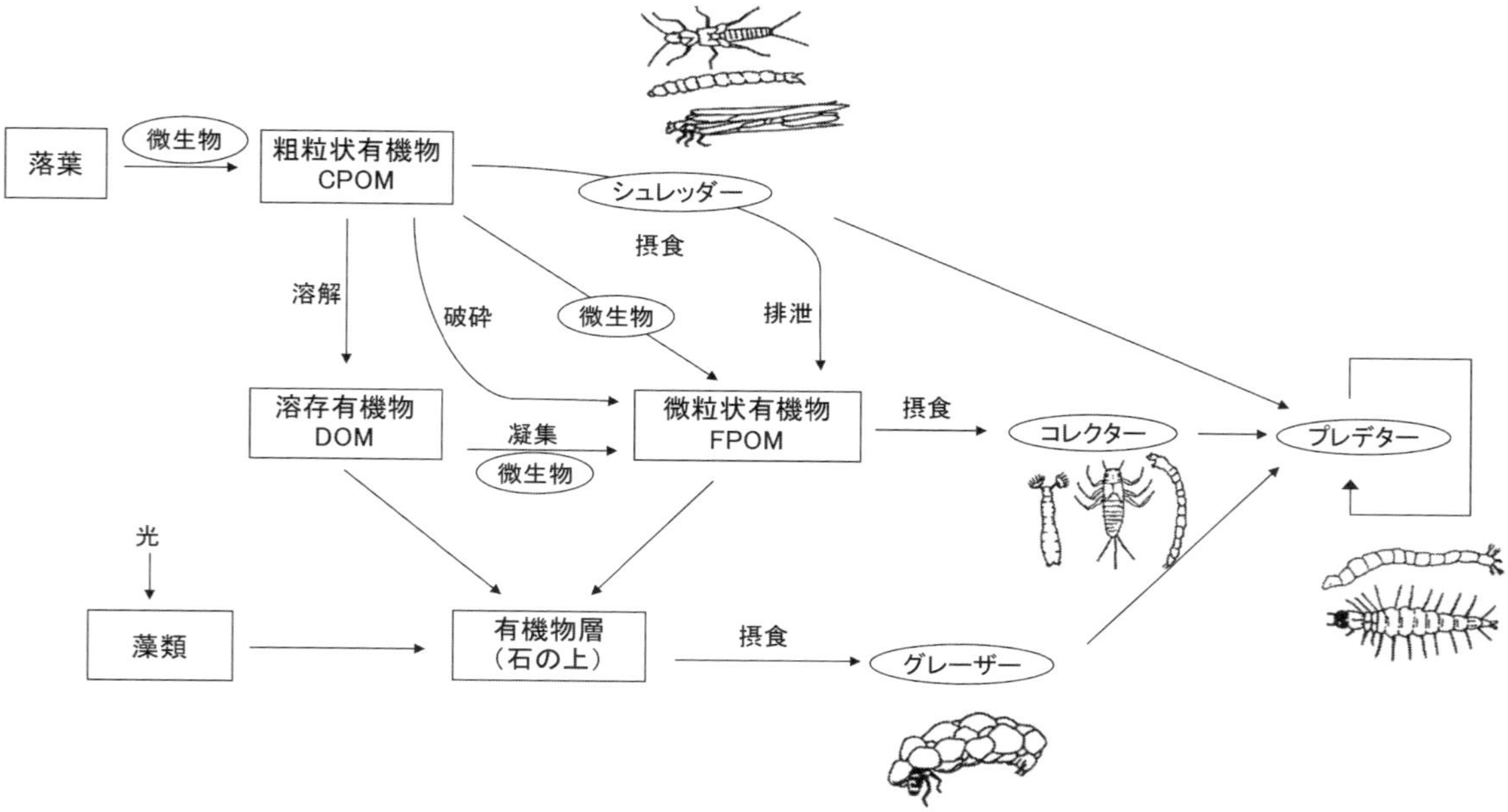

図 5-1　渓流域における食物網（Cummins，1974 を改変）
渓畔林から渓流にもたらされた落葉が渓流における主な有機物であり、渓流生態系において重要な役割を果たしている。

として機能するだけでなく、藻類が生育する基質や底生動物や魚類の棲み場所としての機能も果たしている。

一ミリメートルより大きい粗粒状有機物、CPOM

CPOMとは、直径が一ミリメートルより大きい落葉・落枝などの有機物粒子のことで、落葉は渓流における主要なエネルギー源である。

渓流を流れてきた落葉は、淵やたまりのような流れの遅い場所に落ち着く傾向がある。また、倒木などが渓流内に存在すると、渓流内の物理的な特性が変わったり、落葉などが同じ淵にとどまる時間が長くなったりすることがある。瀬では落葉がたまることはほとんどないが、倒木などが存在すると、瀬であってもたまりやすくなる。

渓畔林は落葉を渓流に供給するという役割を果たしているが、渓畔林が多く生育していても渓流にもたらされる落葉の量が多くなるとは限らない。例えば、なだらかな渓流域に多くの渓畔林がある場合、直接渓流に落葉が供給されることはなく、量も少ない。逆に急斜面に形成された渓畔林では、樹木の本数は少なくても、落葉が直接渓流に供給されるため量が多くなることがある。渓畔林が伐採された渓流では、CPOMの流入は大幅に少なくなる。

渓流には渓畔林から倒木がもたらされることがある。樹木の幹は、炭素の含有率が窒素の二二〇〜一三四〇倍高く、底生動物の餌としては栄養的にあまり重要ではない。しかし、ゆっくり分解していくため、倒木は長期間にわたって少しずつ栄養分が放出されるタイプの有機物であるともいえる。

底生動物の死骸からも高栄養の有機物が生成される。ほかにも、繁殖後に死ぬサケ類は、渓流域における予測可能なエネルギー源となっている。

渓流内に存在するＣＰＯＭの量は、流入する落葉などの量、河床が落葉をどの程度保持できるかどうか、渓流内に生息している分解者の群集構造など、多くの要因に左右されている。

一般的に、川の上流部である渓流域では、ＣＰＯＭの流入量は多く、ＣＰＯＭを分解する能力も高い。しかし、下流に向かうにしたがって、川の中にあるＣＰＯＭの量は減っていく。

ＣＰＯＭより小さい有機物、ＦＰＯＭ

ＦＰＯＭ（微粒状有機物）は、一ミリメートルより小さく〇・五〇マイクロメートルより大きい有機物粒子のことをいう。ＦＰＯＭは、陸域から渓流に流れこんでくることもあるが、その多くは、シュレッダーによって粗粒状有機物（ＣＰＯＭ）が細かくされたり、微生物によって分解されたり、物理的な磨耗などによって生成されている。グレーザー（4章一五五ページ、表4-1参照）が藻類やバイオフィルム（後述、一七八ページ参照）を摂食したり、藻類やバイオフィルムに流れがあたることによって、基質から剝がれて生成されることもある。このようにして生成されたＦＰＯＭは、おもに河床の上面を漂っていたり渓流水中に浮遊していたりする。

ＣＰＯＭはシュレッダーのおもな栄養源になっているが、栄養価が低いので、餌としての質はあまりよくない。つまり、多くのＣＰＯＭを摂取しなければならず、その結果、大量の糞とＦＰＯＭが生成され、これらがほかの底生動物の重要な餌となっている。フィルターラー（４章一五五ページ、表４-１参照）はＦＰＯＭを餌としているが、摂取したＦＰＯＭのサイズよりも大きい糞をつくっている。ちなみに、付着藻類は、炭素と窒素の割合が九～一〇対一と倒木に比べて窒素の割合がかなり高いため、窒素に富む良質の餌といえる。

ＦＰＯＭには微生物が生息している。ＦＰＯＭの単位重量当たりの微生物量は、ＦＰＯＭのサイズが小さくなるとともに多くなる。サイズが小さくなると表面積が大きくなるため、ＦＰＯＭを分解する細菌の数も増えるからである。

フィルターラーは渓流水中を浮遊しているＦＰＯＭを餌にしているが、コレクター（４章一五五ページ、表４-１参照）は河床の上面を漂っているＦＰＯＭを餌にしている。異なる場所から有機物を得ているのだが、餌の供給源がどちらもおもに陸域であることがわかっている。陸からのＣＰＯＭの流入と分解が、渓流生態系にとって重要なのである。

一般的に、下流に行くにしたがってＦＰＯＭの量は増えていく。また、渓流が異なったり季節が異なったりすると、ＦＰＯＭの量は変わる。水の流れ方、攪乱の有無、倒木の有無、ほかから流入する物質の有無なども、ＦＰＯＭの流入量や流下量に大きく影響している。

藻類の光合成と一次生産量

春、渓畔林の葉が展開する前は、多くの光が渓流内に注ぎこまれるため、付着藻類はよく成長する。また、伐採地など樹木の陰が形成されることのない渓流でも、多くの付着藻類が繁茂している。川の上流域である渓流ではコケ植物も多く生育しているし、細かい堆積物が存在する低勾配の渓流では、植物が根を張ることが可能なので、水生植物が生育できる。傾斜が緩やかな渓流や水生植物が集まっている場所などでは、水の流れが少しよどんでいるが、基本的に水が常に流れているため、植物プランクトンはいない。

一般的に、藻類の光合成による一次生産量は、渓畔林があって陰になるところでは低く、伐採地など渓畔林があまりない場所では高くなる。また、周辺植生が針葉樹の渓流よりも落葉樹の渓流のほうが高くなる傾向がある。懸濁物質が多く含まれていて透明度がかなり低い場合の一次生産量はほぼゼロになるが、懸濁物質がほとんどないきれいな渓流では多くなる。冬と夏で一次生産量が数倍違うというような、大きな季節変動を示す場合もある。その光合成による一次生産量は、渓流内に注ぎこむ光の状態、流速、水温、渓流水に溶けこんでいるイオンの状態などによって大きく異なってくるのである。

バイオフィルムと微生物ループ

渓流の中にある石・木・落葉などの表面にできるゼラチン状のつるっとした感じの物質をバイオフィルムという。このバイオフィルムは、糸状藻類、シアノバクテリア、珪藻、従属栄養細菌、放線菌、真菌類などから構成されている。葉や木の表面にできるバイオフィルムの群集構成は、渓流中の石の表面のものとは少し異なっている。落葉や落枝は生き物が枯死したものなので、真菌のように代謝がさかんな細菌が多く生息している。また、渓流の水質や渓流水に溶けこんでいる栄養分などの状態によっても、バイオフィルムの群集構成は変化する。

細菌は渓流水の中に存在している微粒状有機物（ＦＰＯＭ）に付着している。バイオフィルムの細菌がつくり出す有機物の量は、一次生産量の一〇～四〇％程度であるが、森林域では一次生産量を上回ることもある。また、細菌による有機物の生産量は、森林に覆われた場所よりも伐採地で多くなる傾向がある。落葉などから溶出した養分、細菌を食べる動物から排泄された養分、デトリタスなどを自身の酵素で分解した際に溶出する養分などの溶存有機物（ＤＯＭ）がおもなエネルギー源となっている。

繊毛虫類や鞭毛藻類などの原生動物およびワムシや甲殻類などの微小な動物は、細菌を直接消化することができる。これらの動物が排泄した糞なども、細菌の餌となっている。つまり、バイオフィルムの中には「微生物ループ」が存在し、栄養素やエネルギーが循環しているということになる。底生動物の中には、バイオフィルムも餌として摂取しているものがいる。しかし、バイオフィルムは食べても胃の中には形が残らないため、底生動物の胃の内容物を調べた際に見受けられる「何かの物質はあるが何かはわからない、組織のないデトリタス」となっている。

溶存有機物、DOM

ＤＯＭのほとんどは陸上起源で、陸地で分解されながら渓流に入ってくる。デトリタス起源のものや動物の排泄物などから構成されており、糖、脂質、アミノ酸、タンパク質などからなる小さな有機物である。

ＤＯＭは、生き物に有用な成分を提供するなど、渓流に生息する生き物のエネルギー源として重要な役割を果たしている。しかし、有用なのは渓流中の全ＤＯＭの三〇％にも満たず、残りの七〇％は、渓流中の生き物にとってあまり重要ではない。

また、ＤＯＭの重要性は、流域の植生状態によっても異なってくる。流域が森林で覆われている場合、ＤＯＭの流入量が多いので、重要度は低くなる。しかし、流域植生がない場合、ＤＯＭの流入が少なくなるので、渓流内におけるＤＯＭの重要性は高くなる。

多くの場合、ＤＯＭが直接的に利用されることはない。食物網の中に組みこまれることによって、栄養的な重要性が高まるのである。その方法の一つは、バイオフィルムの中に生息している微生物によってＤＯＭが取りこまれ、動物がその微生物を餌とする場合である。バクテリア・藻類・動物などが出すムコ多糖類（粘性の多糖類）は、物理的な力によって凝集したＤＯＭ粒子と結合しやすくなるが、このような物質に微生物がコロニーを形成して、種々の生き物に食べられるという方法もある。

渓流域のエネルギー収支

太陽の光は、藻類など渓流内の一次生産を支えている。渓畔林からは、落葉、小枝、花、木のような粗粒状有機物（ＣＰＯＭ）が有機物として渓流にもたらされている。溶存有機物（ＤＯＭ）は、土壌表層を流れる水や地下水に溶けこむ形で渓流に入りこんでいる。渓流の流れによって岸が侵食され、土壌が流出することによっても溶存有機物は渓流に流れこんでいる。渓流の岸側ばかりでなく、上流からも落葉や土壌などのエネルギーがもたらされている。洪水は、多くの場合、季節的に起こり、有機物を下流へ押し流してしまう。しかし、いったん洪水が治まると、再び上流域から有機物がもたらされるのである。

有機物の流入や流出、生き物による呼吸や排泄、生き物の現存量などに変化があっても、渓流におけるエネルギー収支は全体としてはバランスがとれている。しかし、例えば、どのような有機物を餌にするかという問題は、その有機物がどのようなものでどこで生成されたかなどによって異なるため、それぞれの部分ではエネルギー収支は取れていない、といえる。渓流内で生育した藻類などの有機物は食物連鎖を通してプレデターにもたらされるが、陸上の哺乳動物の糞などほかの生態系起源の有機物は、渓流内では食物連鎖に沿いにくいのである。また、落葉などの小さな有機物は、破砕などにより分解されるが、枝などの大きい有機物は、長期間にわたって淵などの流速の遅いところにとどまり続けるか、下流に流されていくため、渓流域のエネルギー収支だけを見ると、常にマイナスとなる。

渓流内で生成した有機物とほかの生態系起源の有機物の渓流における役割は、流程とともに変化している。上流の森林流域では、渓流は渓畔林で覆われているため、一次生産量は少ない。つまり、渓流で生成する有機物は少ない。一方で、水生昆虫や微生物分解者の主要なエネルギー源となる落葉などの有機物は、陸上生態系からＣＰＯＭとして大量に渓流にもたらされる。下流河川では、落葉などの河畔林の植生からもたらされる有機物の量は減るが、樹冠は開いているため渓流内における光量が増加し、藻類などの一次生産量が増えることになる。

落葉と底生動物

川に生息する魚にとって、渓流内の底生動物は高カロリー・高タンパクの食料源となっている。また、水面近くにいるアメンボや水面に落ちてきた陸上昆虫もエネルギー源として利用している。渓流内に生息する底生動物の場合、プレデターのほとんどが雑食性ともいえるが、プレデターではない底生動物の餌はどのようなものだろう。

落葉が餌に変わるまで

渓畔林から渓流に供給される落葉は、基本的にセルロース、リグニン、その他の炭水化物、ポリフェノールなどから構成されている。しかし、樹木についている葉とは状態が化学的に異なっており、栄養分の少ない有機物となっている。しかし、樹木についていたときに持っていた、抗草食動物の機能を果たすタンニンなどの毒素は、樹木から離れても保持したままである。よって、渓流にもたらされた新しい落葉は、多くの生き物にとってすぐに食べることのできる餌にはなっていない。

落葉が直接渓流にもたらされない場合、落葉には菌糸体によるコロニーが形成されている。落葉が土壌から流れの中に入ると、物理的な作用や生物的な作用によって、落葉の分解が始まっていく。まず、渓流に落葉が流れこむと、落葉全体の約二五％が二四時間以内に分解され、その後はゆっくりと分解が進んでいく。

流れの作用によって粗粒状有機物（ＣＰＯＭ）は物理的に断片化したり摩耗したりするので、粒径は徐々に小さくなる。菌糸体は、セルロースやペクチンなどを分解しながら、葉の表面に広がっていく。ゆっくりと落葉の分解が進んでいくため、分解途中の落葉が長期間にわたって渓流内に存在することになる。六週間程度経つと、菌糸体による分解などで、落葉の約七五％が微粒状有機物（ＦＰＯＭ）に変わる。

渓流に入った落葉は、最初は菌糸体に覆われているが、分解が進むにつれて徐々に細菌に覆われるようになる。細菌の活性によって柔らかくなり、落葉を食べる生き物にとって、美味しくて吸収・消化しやすいリターになっていく。シュレッダーは葉脈の間の柔らかい部分を噛み砕いて体に取りこみ、葉脈のみを残す。このシュレッダーによる摂食活動によって、落葉は葉脈だけの状態になるので、ＣＰＯＭからＦＰＯＭへの分解が速くなる。シュレッダーが落葉を断片化することによって、微生物がコロニー形成するための表面積を高めることにもつながっている。

シュレッダーにとっては、落葉にくっついている細菌などの微生物も餌となり得るため、微生物がたくさん存在する葉を好む。実際に、微生物が存在すると落葉だけの場合よりも栄養価や摂取した際の栄養分にする効率が高くなるだけでなく、微生物の存在によって脂質などの栄養素も摂取できることになる。また、微生物がもっている酵素は、シュレッダーの胃の中でも活性を保持して消化を促進するため、微生物も餌として取りこむ価値は高い。

だが、すべての種類の微生物がシュレッダーの口に合うわけではないので、くっついている微生物の種類が変わると、落葉の選好も変わってしまう。

そうはいっても、餌としての微生物の割合は小さく、成長に必要なエネルギーの大部分は落葉から摂取している。一枚の落葉の栄養量は少ないため、十分な栄養分をとるためには大量の落葉を摂取しなければならない。よって、シュレッダーの個体数とリター量との間には強い関係ができ、落葉の量が多いと個体数が増え、落葉の量が不足すると個体数は減少する。

落葉が渓流に供給される量は季節的に変化する。そのため、シュレッダーにとって、落葉は安定した餌資源とはいえない。しかし、温帯地域では、供給されるタイミングが季節的に安定しているので、多くの底生動物は、落葉が渓流に供給される時期を彼らの生活史に組みこみ、落葉の量が増える秋から春にかけて成長・発育し、春から初夏にかけて羽化している。渓流に生息するシュレッダーは、氷点下近くまで下がる冬の水温でも、積極的に落葉を分解できるものが多い。

好みの落葉と分解速度

植物の種類によって、落葉の分解速度や落葉に含まれている栄養分は異なっている。そのため、生き物による葉の選好性も異なってくる。ヨコエビやカワゲラ、カゲロウなどの幼虫はニレ類、ハンノキ類、カエデ類の葉を好むことがわかっている。ハンノキ類には比較的多くの窒素分が含まれており、消化しにくい物質はほとんどない。シュレッダーであるガガンボ幼虫もハンノキ類を最も好んでおり、実際、ハンノキ類の落葉を食べると幼虫の成長率が高くなるようである。

一方、コナラ類の落葉は、ぶ厚くタンニンを多く含む傾向がある。だから、ガガンボ幼虫にコナラ類の落葉を餌として与えた場合、無理やり食べさせても成長は見られず、かえって死亡率が高くなる。また、真菌などの微生物もコナラ類の落葉にはあまりコロニー形成をしないようである。落葉に含まれている栄養分は種によって異なるため、渓流に存在する落葉が異なると、それを餌としている幼虫の成長や生存率などが異なるということになる。

落葉に含まれている炭素と窒素の量を比べたとき、窒素の割合が高いほど渓流での分解は速くなる。そのため、渓流から落葉が消失する時期も早くなる。落葉がどの程度分解されているのかを調べてみると、種による違いがよくわかる。例えばハンノキの場合、炭素と窒素の含有比は一五：一だが、冬から春になると落葉の四七％が葉脈だけになっており、四八％は部分的に食べられ、五％の落葉だけがそのまま分解されずに残っている。一方、ブナの場合、炭素と窒素の含有比は五〇：一で、春になっても六一％が分解されずに残っており、二九％は部分的に食べられ、葉脈だけになっているのはわずか一〇％

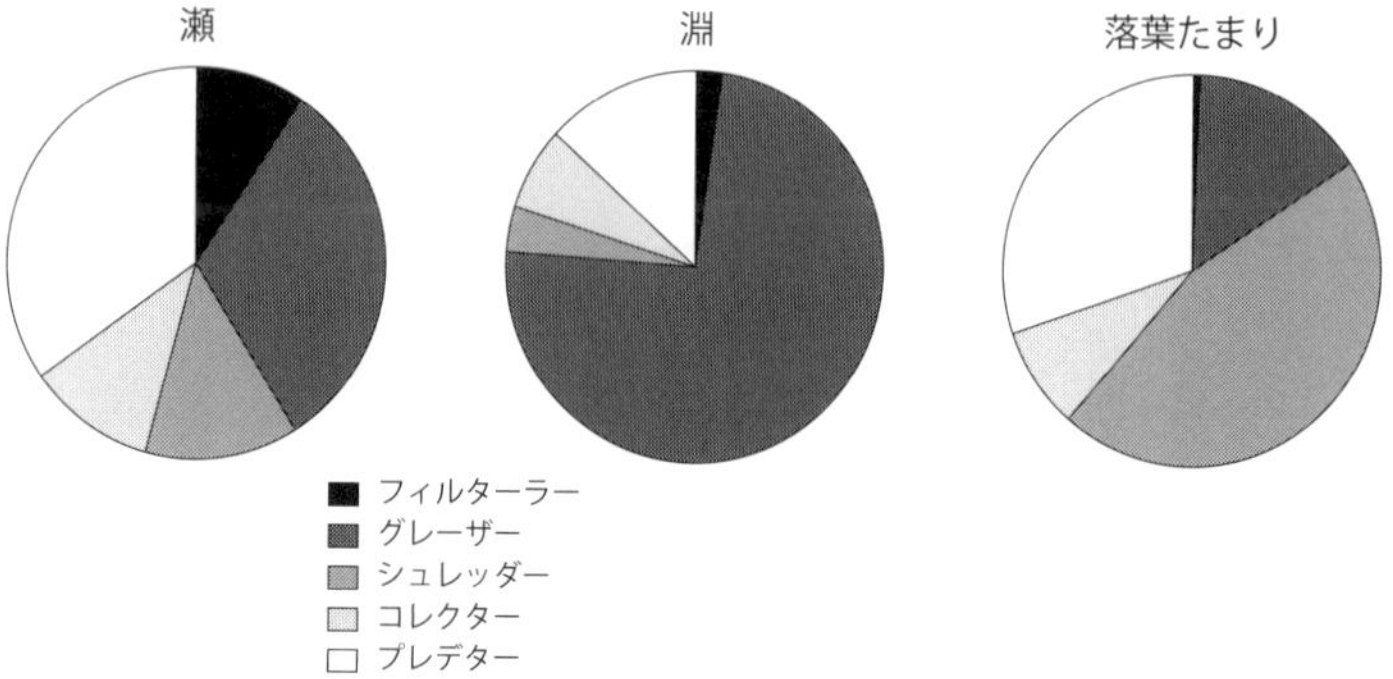

図 5-2　場所による底生動物群集の違い

瀬・淵・落葉だまりに生息する底生動物相が異なることがわかる。

しかない。

さらに、枝の炭素と窒素の含有比は二〇〇～一〇〇〇：一なので、落葉よりも分解が遅く、小枝の場合でも一年、幹の場合だと一〇〇年以上かかる。木質の部分の分解が遅いのは、炭素と窒素の含有比に加えて、体積のわりに表面積が小さいため、微生物などによって分解されるスピードが遅くなるためでもある。

一般的に、渓畔林や水生植物の葉の分解スピードは速い。これは、渓畔林が窒素の割合の高い葉をもつ樹木から構成されているからである。また、水生植物の場合は、陸生の樹木がもっている硬い支持組織（生き物の体を一定の形に支持し維持する組織）がないからである。

落葉が分解される速さは、水温・水質・流量などの物理的状態に加えて、落葉が渓流にどのような状態で浸かっているかということによっても異なってくる。渓流の淵にたまった落葉はゆっくりと分解されていくが、これは落葉の物理的な磨耗が淵では起きにくいことや、シュレッダーが淵には少な

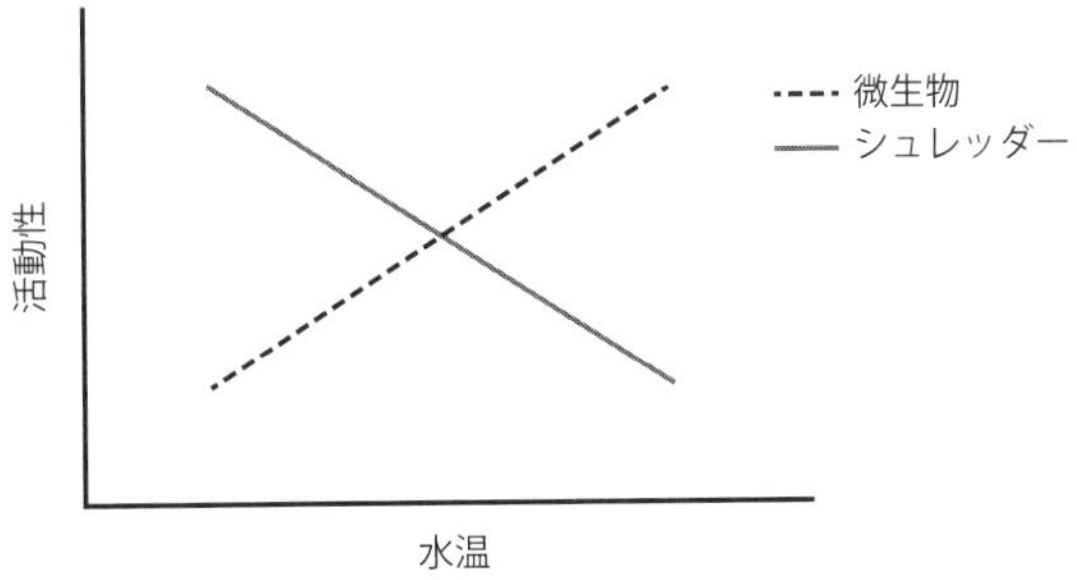

図 5-3　微生物とシュレッダーの水温に対する活動性の変化

水温が下がるとシュレッダーの活動は活発になるが、微生物の代謝は遅くなる。

いことが原因と考えられる（図5－2）。

緯度によっても落葉の分解スピードは異なる。それは、落葉の分解と水温の関係が、微生物とシュレッダーでは異なるからである（図5－3）。緯度が上がると水温は低下するが、水温が低くなると、シュレッダーの活動は活発になり、落葉の分解速度も速くなるのである。しかし、微生物の代謝は水温が低くなると遅くなる。

底生生物たちと森

シュレッダーにとって、渓畔林からの落葉・落枝の供給は欠かせない。落葉の供給量には季節的な変化があるが、温帯地域での供給のタイミングは安定している。シュレッダーは、落葉の量の増える秋から春にかけて落葉を摂取して成長・発育している。餌資源としての利用に比べると量的には少ないが、巣材資源としても落葉は利用される。落葉が複雑に重なることによってできる空間は、幼虫の生息場所としても利用されている。

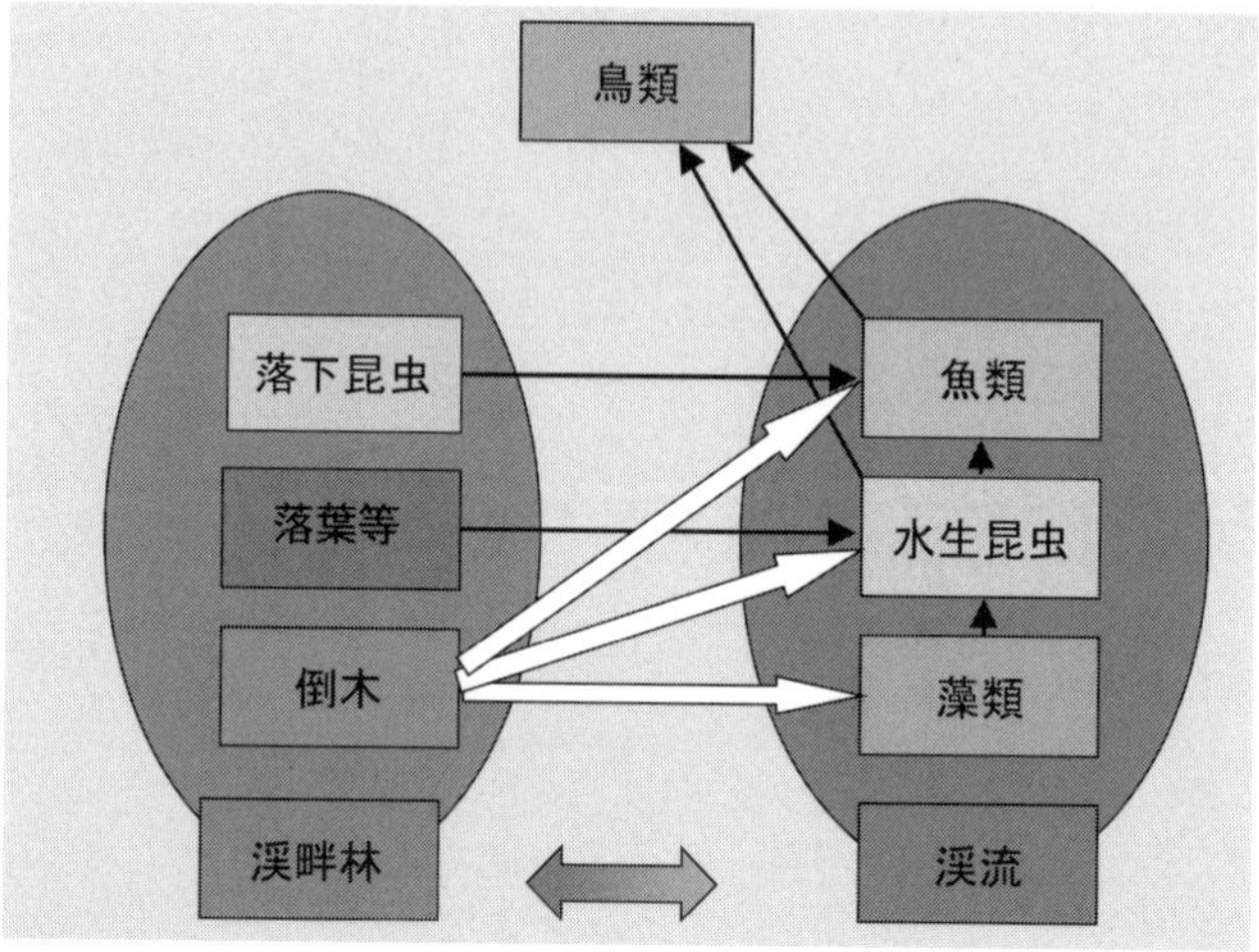

図 5-4　渓流と渓畔林

渓流の環境やそこに生息する生き物の状態は、渓畔林の状態に大きく依存している。より良い渓畔林そしてより良い森林があることで、多様な生き物が生息する渓流が形成される。

渓流沿いの森林を皆伐すると、土砂が渓流に流れこむため、落葉などでできた空間も埋まってしまい、底生動物は生息できなくなってしまう。流域に森林があると、流量は安定し、多様性にとんだ底生動物群集が維持される。また、底生動物には河床内間隙を生息場所とする種類も多く、森林の存在によってもたらされる地下水の涵養という役割も無視することができない（図５－４）。

流域の森林を構成する樹種が異なれば、渓流に供給される落葉の質や量が変化し、渓流の中の落葉による空間的構造も変わってくる。また、落葉の種類が異なると、そこから渓流に溶出する養分も異なる。だから、森の状態が異なれば、生息している底生動物相も異なるものになる。

渓畔林の存在は、川を覆うことで水温上昇

や日射量の抑制といった役割を果たし、その有無によって底生動物相は変化する。また、渓畔林そのものも、繁殖場所・休憩場所・成熟場所・産卵場所などとして、成虫にとって不可欠な空間になっている。成虫期を水辺のみで過ごす生き物もいるが、水辺を離れて樹林地で繁殖行動を行うものもおり、こういった生き物が暮らしやすい森林も必要である。しかし、森林内における彼らの行動についてはわかっていないことが多い。昨今、異常気象によって森林の斜面崩壊が起こっているが、これらの森林斜面を整備する際には、生き物の生態に関する知見を可能な限り組み込む必要がある。彼らが求めている森がどのようなものなのか、今後も研究を進めていかなければならない。

コラム　水生昆虫と放射能

福島第一原発事故により、日本でも淡水域の放射能汚染が起こりました。海水の塩分濃度が高いため、海水に生息している魚には、体内に受動的に塩分が入ってくるのを阻止し、また入ってきた塩分を排除する機能が備わっています。一方、淡水に含まれている塩分はかなり少ないため、淡水に生息している魚には、体内から塩分が流亡するのを防ぎ、淡水からわずかであっても塩分を取りこもうとする機能が備わっています。そのため、放射性セシウムが存在すると、海水の魚の場合は、入ってくる放射性セシウムを排除し、体内に入ってしまった放射性セシウムもできる限り早く排除しようとします。淡水の魚の場合は、放射性セシウムを受動的に取りこみやすく、いったん体内に入った放射性セシウムの流亡を防ごうとします。つまり、汚染の影響は淡水に生息している魚で長く続くことになります。

淡水の魚であっても、塩分を排除する機能は持ち合わせています。そのため、汚染のない環境下で飼育すると、時間はかかりますが、放射性セシウムを完全に排除することができます。その一方、魚や底生動物が生息している地域が放射性セシウムでかなり汚染されていれば、その地域に生息する魚や底生動物の放射性セシウム濃度も高くなることになります。汚染の程度や放射性セシウムを排出する機能は分類群によって異なっていますが、放射性セシウムを排出するまでの時間も種によって異なってきます。

コラム　富士山に川がない理由

富士山は日本で一番高い山です。山があるところには川ができるはずなのですが、富士山には川がありません。どうしてでしょう。その理由はいくつかあります。まず、富士山は水はけのよいスコリアと呼ばれる火山礫（黒色で気泡が多くガラス質）で覆われているため、富士山に降った雨や雪解け水は、地表に溜まらず火山礫の中にしみこんでいき、地下水となってしまうからです。ただ、静岡県側にある〝まぼろしの川〟（まぼろしの滝ともいう）では、雪解けの時期だけ水が流れています。ここの地表は火山礫ではなく岩盤になっているため、地下に水がしみこまないからです。また、樹木が育たないため、まぼろしの川のように水が流れることがあっても、直射日光によって、川の水が蒸発しやすくなります。

地下水となった水は、湧き水となって富士山山麓の広いすそ野のあちこちから湧き出ています。富士五湖には流れ込んでいる川がないのに常に水が存在するのは、富士山でしみこんだ雨や雪解け水が地下水となって富士五湖のあたりまで流れ、湧水として湧き出ているからです。富士山からの地下水が湧き出てできた川の一つに、静岡県を流れる柿田川があります。全長約一・二キロメートルで、日本一短い一級河川となっています。日本三大清流の一つになっており、水温は一五℃前後と一定で、ミシマバイカモが自生しています。

【付録】 渓流に生息している主な生き物

渓流を上からのぞくと、魚が泳ぐ姿は見えるかもしれない。しかし、それ以外の生き物はほとんど見えない。渓流の近くに行ってみる。渓流の中の石を拾うと、渓流の生き物の繁栄を垣間見ることができる。

渓流で魚以外によく知られている生き物といえば、水生植物や藻類、コケ類、そして多くの底生動物類——特に水生昆虫のカゲロウ、カワゲラ、トビケラの幼虫だろう。ほかにも原生動物などもいる。ここでは、川にはどのような生き物がいるのか、簡単に紹介したい。皆さんが川に行ったときに参考になれば大変うれしい。

■水生昆虫

水生昆虫というのは、生活史の一部あるいは全部を水中で過ごす昆虫たちの総称である。昆虫の多くは陸上で生活しているが、水中や水面上で生活しているものも多い。ただし、そのほとんどは、海域ではなく陸域の水環境で生活している。幼虫の間だけ水の中で過ごすものもいれば、成虫になっても水の中で過ごすものもいる。通常、成虫になると陸上で過ごす種は、水の中の幼虫期間が非常に長く、成虫期間が短い。

水生昆虫には、カゲロウ類、カワゲラ類、トビケラ類、ハエ類、コウチュウ類、カメムシ類、ヘビトンボ類、トンボ類などたくさんの種類が含まれる。これらを目レベルで分類するのはそれほど難しくはない。しかし、属レベルになると、専門の分類学者でないと分類できないものも多くなる。また、種名が決まっておらず、名前がついていない昆虫もたくさん存在する。

水中で生活するすべての昆虫は、陸上で生活していたものが二次的に再び水中の生活に移ったもの、と考えられている。水中での生活に適応するために、彼らは、さまざまな呼吸法を発達させている。生涯の大部分を水中で過ごすタガメやゲンゴロウなどは、陸上での呼吸法を保持し、時々水面に浮上して、空気を体内に取り入れる。だから、彼らは流れのない水域で生息することができる。一方、カゲロウ・カワゲラやトビケラなどは、気管鰓を発達させて水中の溶存酸素を利用している。川は水の動きが激しいため、水と空気が接触する面積が大きく、水中に多くの酸素が溶けこむ。彼らはその溶けこんだ酸素

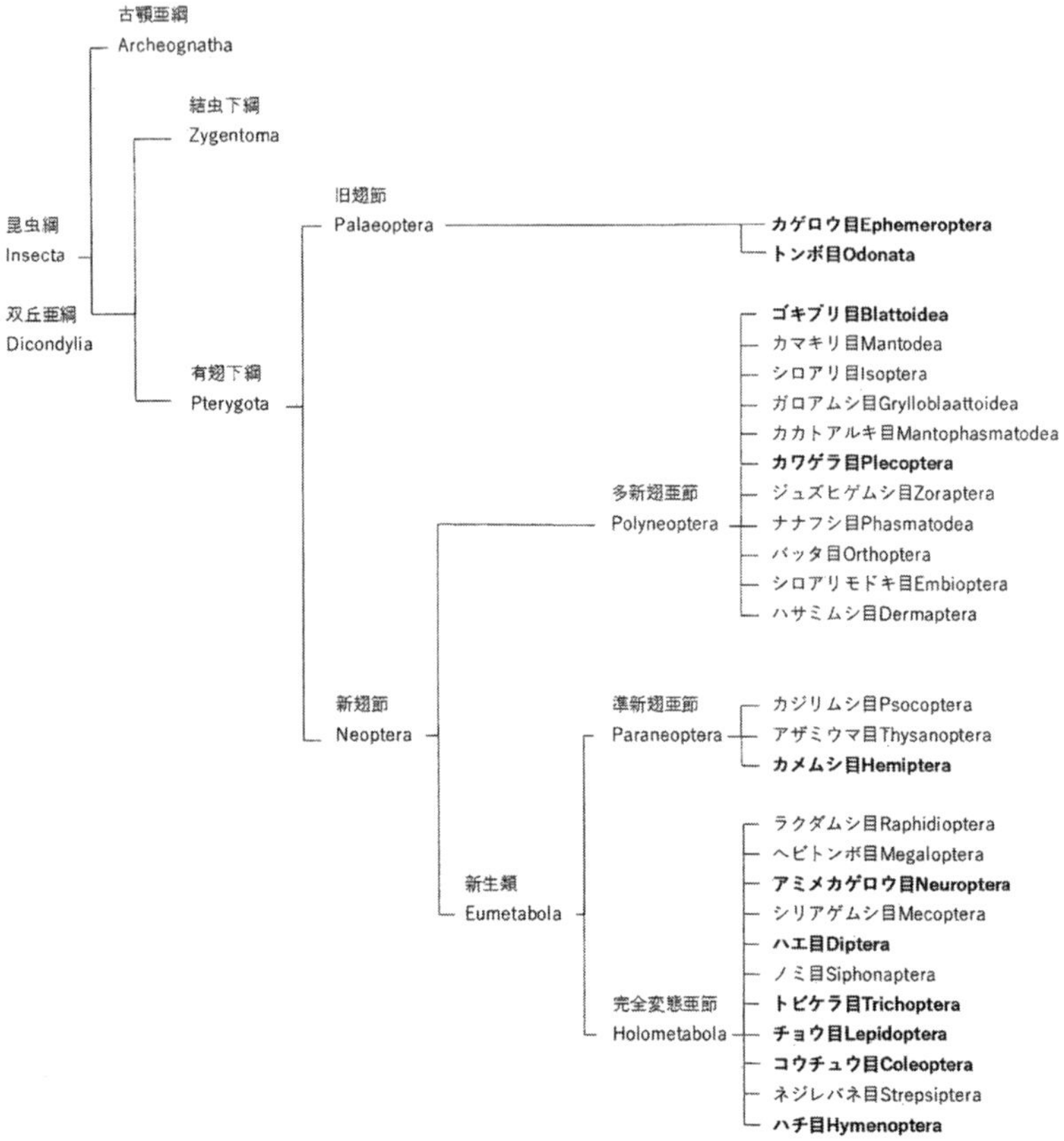

図：昆虫の分類
（太字：いわゆる水生昆虫が含まれている分類群）

を利用しているため、水面に浮上しない。しかし、溶存酸素の少ない（流れのない）水域に生息することは困難で、多くは河川・渓流・湧水などの流水に生息している。

水生昆虫の幼虫は脱皮することによって成長している。したがって、幼虫は段階的に大きくなっているのである。おもにキチン質からなる古い表皮を脱ぎ捨てて、古い表皮の下にあらかじめつくっておいた新しい表皮に変えていくことで、次の齢期に移行し、大きくなっていく。幼虫の齢数（脱皮の回数）は分類群によって異なっていて、カゲロウ目で一〇～四〇、カワゲラ目で一二～二二、トビケラ目で五～八、各齢期の長さも分類群によって異なっている。

カゲロウ目

カゲロウは世界中のさまざまな水域に分布している。世界では三七一属（化石として六一属）が知られており、種数は二〇〇〇種を超えている。日本には一三科三九属一四〇種以上が生息している。ほとんどが流水に生息していて、石の上だけでなく堆積物の間や石の穴の中などにもいる。幼虫は基本的に三本の尾毛をもっている（中には二本のものもいる）。

不完全変態を行うため、蛹の時期がない（幼虫が成虫に似ている）。脱皮の回数は多く、幼虫の間に一〇～四〇回の脱皮を繰り返す。脱皮するごとに体が大きくなり、ヒラタカゲロウの場合は脱皮ごとに約一五％大きくなる。

多くの幼虫は、付着藻類やリターを食べているが、捕食性のものも存在する。付着藻類を食べるものは、直接流れにさらされながら石の上などで採餌活動を行っている。

呼吸は、おもに腹部第一節から第七節の側面にあるえらを用いて行われる。二対のえらをもつグループと一対しかもたないグループがいる。このえらを動かして、体のまわりの水を攪拌し、川の溶存酸素濃度を高くし、呼吸しやすいように工夫している。低酸素状態に対する耐性は、種によって大きく異なっている。

水の酸性化に対して、基本的に高い感受性をもっているが、その度合いは種によって異なっている。低pHに耐えることができる種も存在し、例えば*Leptophlebia marginata*（トビイロカゲロウ科）は、pH四未満の川でも生息することができる。

カゲロウには、亜成虫と成虫という羽をもつステージが二つあるという点で、ほかの昆虫とは異なっている。幼虫から羽化したものを亜成虫と呼ぶ。羽化は捕食される危険性が最も高くなる行動なので、その危険を減らすため、夕方に一斉に羽化が起こることが多い。これらの亜成虫は、羽化した場所から飛び立って、近くの別の場所で再度脱皮を行い、成虫になる。

亜成虫は成虫とほぼ同じ形をしているが、成虫に比べて毛が多く白っぽい。また、性的にも未成熟である。成虫の寿命は非常に短く、数時間から長くても数日程度である。また、成虫は摂食しない。

流速や水質、河床状態が異なると生息するカゲロウの種類も異なってくるので、カゲロウは川の汚染を監視できる生き物（指標生物）の一つとして扱われている。

カワゲラ目

カワゲラは世界で一五科一八〇〇種以上、日本では九科二三〇種以上が知られている。温帯に多く、熱帯にはあまり分布していない。

二本の尾をもっており、カゲロウと同じく不完全変態を行う。

カワゲラ幼虫にはかなり大きい種がいる。*Oyamiya* や *Pteronarcys* は、終齢幼虫の体長が三〇ミリメートル程度にもなり、孵化から終齢幼虫まで成長するには数年かかる。一方で、終齢幼虫の体長が五ミリメートル程度しかなく、そのままの大きさで成虫になる種もいて、成長にかかる期間は一年以内である。

礫以上の大きさの石がゴロゴロしているところに生息する種が多く、石と河床基質との隙間やリターの間を生息地として利用している。リターを餌としているシュレッダーもいるが、ユスリカやブユなどの小さな昆虫を餌としているプレデターもいる。リターを餌としている種の中には、秋の落葉を餌として利用できるように生活史を適応させたものもいる。プレデターの多くは若齢幼虫から終齢幼虫に成長する間に草食から肉食に変化するが、若齢幼虫であってもすでに肉食になっているプレデターも存在する。

一般的に、冬は水温が低くなるので虫の成長率は下がる。しかし、多くのカワゲラ幼虫は〇℃付近の水温でもよく成長する。リターを餌としている種では、特にこの能力が秀でているが、これは餌を手に入れることのできる季節への適応の結果だろうと考えられる。

冷たくきれいな渓流に生息しているが、高山や高緯度にある湖に生息することもある。それは、水温が下がることで湖水の溶存酸素量が多くなるため、流水である必要がなくなるからだ。また、有機物が分解すると溶存酸素濃度が低下するので、渓流に有機物がたくさん入りこんだ場合は、カワゲラはかなり敏感に反応して移動する。渓流の酸性化に対しては、かなりの耐性がある種も存在する。

成虫は、あまり遠くまで飛ぶことができない。だから、日本の本土と陸続きになったことがない小笠原諸島などの海洋島には生息していない。また、完全に羽がない種も存在する。羽が大きければ大きいほど飛翔能力が高い傾向がある。

成虫期に餌を必要とする種と必要としない種がいる。成虫期に餌を食べない種は、羽化の時点で生殖細胞を十分に成熟させている。餌が必要な種は、羽化時点では生殖細胞が未熟なので、生殖器官を成熟させるために栄養分を摂取している。餌は、藻類・葉・芽・花粉など。なお、餌が不要でも水は必要とする。

繁殖行動の際、木の枝に腹部を打つことによって交尾相手を惹きつける、ドラミングという行動をとる。

トビケラ目

トビケラは、淡水環境に生息する昆虫のうち、最も多様な分類群の一つである。分類学的にはチョウに近い。世界で四六科六二六属一万種以上が、日本では二九科四〇〇種以上が知られていて、南極を除く世界中に分布している。

幼虫は、トビケラ科やヒゲナガカワトビケラ科など五センチメートル程度まで成長するものもいるが、シマトビケラ科など五ミリメートル程度のものもいる。幼虫期に五〜八回脱皮し、蛹の期間を経て成虫になる完全変態である。

川の流れがゆっくりで、有機物が河床に蓄積するようなところには、多くのトビケラが生息している。また、砂利の多いところに生息するものや、石の上に生息するものもいる。

餌は種によって異なっていて、自由に動き回ってほかの水生昆虫を捕食する、落葉を食べる、網を張ってそこに引っかかるものを食べる、巣をつくってその中に入ってくるものを食べる、などさまざまである。また、トビケラ成虫の中には蜜を好んで食べるものも存在する。

巣をつくる種とつくらない種がいるが、その巣も種によって異なっている。幼虫自身がつくり出す糸のみでつくられた巣、幼虫自身がつくり出す糸に砂粒を接着させてできた巣、落葉などの有機物を糸でつなぎ合わせた巣などがある。

トビケラ幼虫は、底生動物の中ではバイオマス量が最も多く、魚や鳥にとって重要な食物になっている。

トビケラは多くの場合、一カ月程度を成虫として過ごす。水が涸れてなくなるような場所に生息することが多いエグリトビケラ科は、水涸れに対処するために三カ月以上を成虫として過ごすこともある。

ハエ目

この目には非常に多くの種類が存在する。ユスリカ科、ガガンボ科、ブユ科、ナガレアブ科、アミカ科などが流水性のハエである。ユスリカ科は特に多様性が高く、水たまりから池、湖、細流から大河川、さらには海洋にまで、多様な場所に生息している。どれも、幼虫は胸脚が退化しており、腹脚（擬脚）を発達させている。

ユスリカ科

ユスリカは、淡水に最も広く分布している生き物で、世界には一万五〇〇〇種以上、日本には二〇〇〇種以上が生息している。氷河に覆われた冷たい渓流から湧水、水の少ない場所、池、深い川などさまざまな場所や、標高五〇〇〇メートル以上のヒマラヤ山脈、南極大陸や北極圏にも生息している。

自由に動き回って生活したり、筒をつくってその中で生活したりするものがいる。筒をつくるものは、石の表面や植物の葉の上にいることが多く、石の上や植物の葉の上では、規則的な模様になっていることが多い。水生植物の葉の中にもぐりこんでいる種もあれば、ほかの生き物に寄生している種もいる。例えば、ヤドリユスリカはキブネタニガワカゲロウに寄生し、ヤドリハモンユスリカはウルマーシマトビケラなどに寄生している。

個体数が多いと、藻類などの餌をいっせいに食べることになるので、餌資源の枯渇が急速に進むことがある。その結果、付着藻類の群集構造に変化が生じることもある。

ガガンボ科

ガガンボは世界で約一万五〇〇〇種が知られており、日本には記載されているだけでも七〇〇種は存在する。水の少ない場所から渓流や大河川に至るまで、さまざまな流水環境に生息し、暖かい場所では一世代が六カ月程度の種もいる。平均的には年一化だが、高緯度の寒い地域は数年を要する種もいる。ガガンボには、有機物を分解しているものもおり、川の中で重要な役割を果たしている。

ブユ科

ブユは世界に約一六五〇種、日本にも六〇種ぐらいが生息している。幼虫の腹部の側脚には多くの小鉤があり、これを自ら生成した糸で基質にからませて固定している。幼虫は流水にのみ生息していて、扇形の上唇を使って流水から小さな粒子（おもに五マイクロメートル以下の微細な浮遊粒子）を濾過して食べている。取りこんで消化された餌は、五〇マイクロメートル以上の大きさの糞として外に出される。ブユによる濾過行動によって、浮遊粒子が下流へ流れるスピードが遅くなり、その結果、粒子は沈降する傾向が高まるため、ブユの幼虫が多いと、川の有機物が滞留しやすくなる。

ブユ幼虫は高密度で生息していることがよくあり、捕食性のカワゲラやトビケラ、カジカなどの魚、カワガラスなどの鳥によく食べられている。

ブユの成虫は害虫と見なされることが多いが、卵の成熟のためにメスだけが血を必要としている。また、熱帯地域においては、成虫は糸状虫という寄生性の病原体（ミクロフィラリア）を媒介している。

このミクロフィラリアは必ず死をもたらす病原体ではないが、ブユ成虫が人間を吸血する際にこの病原体が入りこむことによって、激しいかゆみ、皮膚の変形、失明に至る視力障害などの深刻な症状を発症する「河川盲目症（オンコセルカ症）」を引き起こすことがある。

甲虫目

陸上に生息しているものが多いが、水の中にも甲虫は存在する。ただ、水の中の甲虫の多様性は、陸上ほど高くはない。幼虫と成虫の両方のステージを水の中で過ごしているものが多い。

よく知られているのはヒメドロムシやヒラタドロムシで、これらの幼虫は川の瀬の部分に生息する傾向があり、リターやリターの間に生息している微生物を餌にしている。瀬ではそれなりの流れがあるため、石などの河床基質にしがみついており、移動の際もゆっくり動く。卵の間は移動できないので、ウズムシなどの扁形動物に食べられることはあるが、幼虫になり瀬に生息するようになると、あまり食べられることはない。

ちなみに、ヒメドロムシの成虫は水生だが、ヒラタドロムシの成虫は陸生である。また、ヒメドロムシの幼虫はえら呼吸、成虫はプラストロン呼吸を行っている。

水生甲虫の多くは前記の二種とは違い、流れのない場所に生息している。多くの場合、池や湖などの止水域を生息地としているが、川でも淵などの流れのほとんどない場所に生息していることがある。種数も多く、例えばゲンゴロウ科には二五〇〇種以上が存在する。幼虫も成虫もプレデターで、成虫は餌生物に穴をあけて体液を吸いとることによって、栄養を摂取している。

カメムシ目

水生のカメムシは、幼虫と成虫の両方のステージを水の中で暮らしている。世界には一五科三三〇〇種以上、日本にも二〇〇種以上が生息している。不完全変態を行う。流水性のものはほとんどいないが、川の水面に生息するものはいる。その場合、淵に見られることが多い。また、温帯より熱帯に生息する種のほうが多い。同じ場所に近縁の種が生息している場合、生息する場所を分け合って共存している。例えば、マツモムシとコマツモムシが同じエリアに生息している場合、マツモムシは水面近くに、コマツモムシは水のやや深いところにいることが多い。

餌は、水生昆虫や魚・オタマジャクシなどで、プレデターである。前脚は鎌状で餌を捕獲しやすい形態をしている。また、口器は短く針のようになって下向きに曲がっている。前脚で餌生物を捕獲し、口器を突き刺して、麻痺させる液体や消化酵素からなる唾液を体内に注入すると、餌生物はすぐに麻痺し、体の組織が唾液によって消化されていく。水生カメムシは、その消化された体液を吸いこんで栄養分としている。

流水に生息しているカメムシに、ナベブタムシというのがいる。ナベブタムシは瀬に生息していることが多いが、幼虫は皮膚呼吸、成虫はプラストロン呼吸を行っている。体表には、短い毛がたくさん集まった毛盤（プラストロン）が存在する。その毛盤の毛の間にできた空気の層に存在する酸素を利用しているのがプラストロン呼吸である。その空気の層内の酸素濃度が低下すると、水の中に溶けている酸素が、空気層中の二酸化炭素と交換されていく。

川の水面に生息しているアメンボもカメムシ目だ。アメンボは、目視や水面の振動によって、岸の近くや水面で羽化している昆虫を見つけて捕獲し、餌としている。しかし、水面を生息場所としているので魚に捕食されやすい。だから、魚に捕食されないための行動をとっている。例えば、カタビロアメンボ科は、あまり動かず生き物ではないというふうに見せかけて、魚に存在を知られないようにしている。また、ヒメアメンボ属のように、魚（捕食者）がいることに気づいた場合、すぐに飛び跳ねて別の場所に移動して身を守っている種もいる。

ヘビトンボ目

名前に「トンボ」とつくが、いわゆるトンボではない水生のヘビトンボは、北米では六四種もいるが、ヨーロッパでは六種程度、日本では八種が知られているだけだ。幼虫はすべてプレデターで、ユスリカなどの小さな生き物、藻類、軟体動物を餌としている。甲殻類も捕食する。しかし、一齢幼虫は微生物やリターも食べている。湖・渓流・河川などのさまざまな場所を生息地にでき、一時的に干上がるような川でも生き残ることができる。蛹になるまでの二〜五年間を幼虫として川の中で過ごし、終齢幼虫は六センチメートル以上になる。蛹化するころに水から這い上がり、川岸の土壌中で蛹化する。成虫は陸生で、樹液を主食としている。

トンボ目

トンボは不完全変態で、幼虫は水生、成虫は陸生。世界中に約五五〇〇種が生息しており、日本では二〇〇種程度が知られている。

多くの幼虫は止水域に生息しているが、カワトンボなど何種類かは流水性。しかし、流水性といっても、流れの速い場所には生息していない。

イトトンボ亜目の幼虫期間は一年程度だが、トンボ亜目とムカシトンボ亜目の幼虫期間は多くの場合数年で、五年ほどのものもいる。幼虫の間に一〇～一五回の脱皮を行う。

ほかの生き物を食べるプレデターで、若齢のときはミジンコなどを食べているが、終齢に近づくにつれて水生昆虫や小魚などを食べるようになる。落葉などの有機物の中に隠れて餌生物がやってくるのを待つが、餌生物が有機物の中まで入ってくるのをじっと待つタイプと、餌生物が有機物の近くまでやってくるとハンターとなって追跡するタイプの大きく二つに分けられる。

トンボ亜目の幼虫の直腸の内側には、葉状の気管鰓がたくさん存在する。肛門から水を吸いこみ、直腸に水を送りこむことによって気管鰓を使って呼吸を行っている。吸いこんだ水は、肛門から吐き出すのだが、この能力を使って、水を噴出してジェット推進の要領で素早く泳ぐこともできる。イトトンボ亜目の幼虫には、腹部末端に細長くて扁平な気管鰓が三本存在している。内部には気管が入りこんで細かく枝分かれしており、拡散によって呼吸を行っている。

成虫は、九～一一センチメートルもあるオニヤンマから二センチメートル足らずのハッチョウトンボまで、大きさはさまざまである。日中に活動しており、色鮮やかなものが多い。オスは縄張りをもち、生息地のまわりを巡回している種が多い。ほかのオスが縄張りに侵入してくると激しく攻撃する。成虫も肉食性で、大あごが発達しており、カ、ハエ、チョウ、ガなどの飛翔昆虫を空中で捕獲して食べている。

トンボ亜目の成虫は丈夫な感じのトンボで、前翅と後翅の大きさが異なっており、止まるときは翅を常に開けている。一方、イトトンボ亜目の成虫は、スレンダーな感じで、前翅と後翅の大きさが同じ程度であり、前後の翅を体の上で閉じた状態にして止まる。ムカシトンボ亜目は、日本とヒマラヤ周辺だけに生息しており、世界で一属三種が知られている。胴体はトンボ亜目のサナエトンボ類に似ているが、翅はイトトンボ亜目に似ており、翅を閉じて止まる。多くの点でトンボ亜目とイトトンボ亜目の中間の形質をもっている。

■水生昆虫以外の底生動物

流水にはミミズのような貧毛綱、ヒル綱、ダニ目など水生昆虫以外の生き物もたくさん生息している。これらの生き物の多くは、水がゆっくりと流れている流水や止水に多く生息している。

貧毛類

大きい水生昆虫がおらず、大量の有機物が分解されて低酸素状態になっているような場所に多くの個体が生息している。汚染された川の代表的な生き物となりやすく、実際に川の水質を監視するための生き物と考えられている。イトミミズ科は指標生物としてよく知られている。

ヒル類

多くは淡水に生息しているが、陸上や海水に生息する種類もいる。捕食性で、小動物を食べるものや大型動物の血を吸うものなどがいる。両生類・魚類・鳥類・哺乳類に寄生するものもいる。ヒルが多い川に何の防御もせずに入ると、いつのまにか血を吸われていることがある。しかし、ヒルの唾液には麻酔成分が含まれているため、痛みを感じないまま血を吸われる。また、唾液には血液の凝固作用を妨ぐ成分も含まれているため、いつまでも流血していることが多い。だが、通常、数日で治る。

ダニ目

水ダニは世界で三〇〇〇種以上が、日本では約三〇〇種が知られている。多くは流水性で、さまざまな水域に生息している。卵から六本脚の幼ダニ、八本脚の若ダニを経て成ダニになる。若ダニと成ダニの多くは捕食性で、ミジンコやユスリカの幼虫などを食べている。幼ダニは、ガガンボ、カ、ユスリカ、ブユ、ヌカカ、カワゲラ、トビケラなどの水生昆虫の成虫や幼虫に寄生していて、これらの成虫の約二〇％以上が寄生されている。寿命は二～三年。成虫期を陸上で過ごす水生昆虫の成虫に寄生する種の場合、羽化時に取りついて寄生を開始し、産卵のために水辺に戻ってきたときに離脱して水中での自由生活に戻る。卵は植物の茎、泥の中、石の表面などに産みつけられる。

三岐腸目

長さ五～三〇ミリメートル、平らで、河床を〝すうっ〟と動く。外皮細胞にある腺細胞から粘液を分泌し、その上を腹側の体表面にある繊毛を動かしながら移動している。この繊毛の動きによって渦ができるためウズムシといわれる。

世界には約四五〇〇種のウズムシが存在しているが、そのうちの約一〇〇〇種が水生の底生動物で、いわゆるプラナリアもここに含まれる。

渓流に生息するウズムシの多くは冷水を好む。基本的には捕食性で、食べ物を化学的に検出できる能力をもっているため、傷ついた底生動物を素早く見つけることができる。有性生殖と無性生殖のどちらも行うが、ほとんどが雌雄同体である。再生能力をもつことで知られており、バラバラに切られても、それぞれがもとの形のウズムシになることができる。

巻き貝類

川に広く分布しているが、殻の構築に欠かせないカルシウム成分の多い、炭酸カルシウム濃度の高い川を好む。また、多くは浅瀬で見つかる。種によって生息する場所が異なる。カワニナなどの巻き貝は、岩石や砂質の堆積物の上でよく見つかる。

付着藻類を好むので、貝類がたくさん生息していると、多くの藻類が食べられてしまうため藻類量が減る。しかし、すべてをまんべんなく食べるのではなく、食べたい種類のものだけを食べるので、糸状の藻類が減少し、扁平な形のものが残ってしまうなど、藻類の群落構造に影響が出る。

甲殻類

エビやカニは、流水に生息する無脊椎動物の中では最大のものである。暖かい地域に生息するものが多い。

エビ類

エビは、植生が豊かでゆっくりと流れている川に多く生息している。

ヌマエビ属は世界に一一種生息しており、そのうち三種が日本で見つかっている。温暖な海域に流入する川に生息していることが多く、大雨などによって増水すると河口でも見つかる。温帯の川では優占する生き物は水生昆虫だが、熱帯の川ではヌマエビが優占することが多い。魚が少ないと特にその傾向が強くなる。

テナガエビ属は世界に約二四〇種、日本には一五種が生息している。流水の中でも植物が存在する、あまり水の動かない場所を好む。温帯から熱帯にかけて広く分布しているが、熱帯ほど種類が多い。夜行性で、昼間は石の下や水生植物の茂みに隠れている。縄張り意識が強い。肉食性で、水生生物や魚の死骸などを食べる。藻類などを食べることもあるが、飼育下で動物性の餌が少ないと共食いをすることもある。

カニ類

カニも暖かい地域に多く生息している。アフリカには四〇種以上、ヨーロッパには三種が生息しているが、北米には一種しかいない。日本には数十種がいて、サワガニは日本固有種である。

サワガニの甲幅は二〇〜三〇ミリメートルほどで、甲羅の体色は黒褐色のものが多いが、青白いものや紫がかったものなどもおり、地域によって異なる。甲羅には毛や突起などはなく、滑らか。川の上流域から中流域にかけて生息しており、水がきれいな渓流に多い。日中は石の下などに潜み、夜になると動きだす。雨の日には川から離れて、川近くの森林にいることもある。活動期は春から秋までで、冬は川の近くの岩陰などで冬眠する。

交尾は春から初夏にかけて行い、メスは直径二ミリメートルほどの卵を数十個産卵し、腹肢に抱えて保護している。幼生は卵の中で変態し、孵化する際にはすでにカニの姿となっている。この稚ガニも、しばらくは母ガニの腹部で保護されて過ごす。寿命は数年から一〇年程度とされている。雑食性。

ヨコエビ類

名前に「エビ」とつくが、いわゆるエビではない。淡水に生息しているヨコエビは、世界で約一八〇〇種が知られており、渓流、河川、湖、地下水などさまざまな場所に生息している。基本的に水温の低いところを好む。河床状態が安定しており、餌が十分にあるところでは非常に多く生息し、森林域の湧水渓流では密度が一万／㎡を超えることもある。

野外においてしばしば高い密度で生息するため、分解者として知られているが、死んだ生き物の組織や付着藻類も食べる雑食動物である。ほかの生き物の餌としても重要であり、魚にとっては特に重要な餌となっている。

■原生動物

真核生物のうち、菌界・植物界・動物界に属さない生物の総称。アメーバやゾウリムシなど、水中や水を多く含む土壌中に生息しているものが多い。川では、水の流れが抑えられた場所や有機物がたまるような場所にのみ生息している。また、水生植物の葉にくっついている場合もある。多くの細菌を食べており、プレデターとしての役割を果たしている一方で、多くの生き物に食べられている。特にイトミミズやユスリカ幼虫のような小さな底生動物に食べられており、それらの胃の中は大部分が原生動物で占められている。しかし、原生動物は体の骨格がないため、食べた痕跡が胃の中に残りにくく、イトミミズやユスリカ幼虫の胃内容物を調べても、原生動物が記録されることはほぼない。

■微生物類

きわめて小さい生き物の総称で、顕微鏡を用いなければ観察できないものをいう。細菌（真正細菌の一部、放線菌類、リケッチア類、スピロヘータ類、マイコプラズマ類など）・真菌（かび類、酵母類など）・ウイルス（DNAウイルス、RNAウイルス）などから構成されている。

細菌

細菌は渓流に大量に存在しており、有機物を分解している。河床の岩や砂・水生植物の葉などに付着しているものと、渓流水の中に浮遊しているものの大きく二つのグループに分けられる。水生生物の腸内に共生・寄生していることもある。

渓畔林から渓流内にもたらされる落葉などの有機物の量が多いと、分解できる有機物の量が増えるので、細菌の数も多くなる。つまり、渓流内の細菌の数は、落葉の量に依存しながら季節変動しているということになる。

一般的に、渓流水の中にいる細菌の数は、岩などに付着している細菌数よりも少ない。河床の岩などに付着している細菌数は、常に10^7細胞／mℓ以上である。細菌は酸性に弱いので、pHが低い酸性の川では細菌数は少なく、たくさんの落葉が供給されたとしても、細菌によって分解される量は著しく少なくなる。

真菌類

渓畔林から渓流中に入ってきた落葉の表面には、菌糸体が発生している。その菌糸体はコロニーを形成し、葉の組織を徐々に貫通して落葉を覆うようになる。菌糸体に覆われることにより、シュレッダーにとって落葉が口当たりのよい栄養価の高い餌になっていく。さらにこの菌糸体は、ペクチナーゼなどを分泌して細胞を分解し、細かいピンで刺したような穴がたくさんある状態を経て、葉脈だけしか残っていない状態にまで変化させる。落葉だけでなく枝などの木質部も菌糸体によって分解されている。また、菌糸は胞子をつくるが、一枚の落葉上に生育している菌糸から約一〇〇万個の胞子をつくり出すことができる。つまり、リターを餌として食べている生き物は、菌糸だけではなく胞子も一緒に食べていることになる。

菌糸は、熱帯から北極圏にかけて世界中のいろいろなところに生育している。熱帯は気温が高く湿度が高いため、渓流に入る前から落葉の分解がかなり進んでいることが多い。高緯度に生育する菌糸は多くが耐凍性である。また、菌糸体の分布は、渓畔林の種類や渓流の水質と密接に関係しており、例えば酸性の渓流では菌糸体の多様性は低くなり、落葉の分解速度も遅くなる。

■植物

植物は渓流でさまざまな役割を果たしている。光合成によって酸素を供給し、食物連鎖の主要な役割を果たしているだけでなく、動物の物理的な生息空間も提供している。

藻類

藻類とは、一般的には、光合成によって酸素を発生させる植物相から、コケ植物・シダ植物・種子植物をのぞいたものの総称である。よって、真正細菌であるシアノバクテリア（藍藻）や、真核生物で単細胞のもの（珪藻、黄緑藻、渦鞭毛藻など）や多細胞のもの（海藻類など）など、系統的に異なるグループに属するものも含んでいる。

渓流において、藻類は最も重要な一次生産者の一つである。石などにくっついて目に見える状態になっている大型藻類もあるが、河床基質の上に薄い層を形成している小さい藻類もある。植物プランクトンのように水中を浮遊している藻類もいる。

大型藻類には、糸状のもの（シオグサ属など）、房状のもの（サヤミドロ属、ヒビミドロ属など）、分岐状のもの（シャジクモ属、フラスコモ属など）などがある。

河床基質に付着している藻類は付着藻類と呼ばれる。おもな付着藻類には、珪藻、緑藻、藍藻、鞭毛藻などがあり、表面に薄く広がったもの（紅藻のベニマダラ属など）や数ミリメートルの厚さになるもの（羽型珪藻など）なども含まれる。珪藻には多くの種類があり、藻類を餌とする底生動物にとって最も重要な餌になっている。

藻類量は、その場所の光の状態・流速・水質・捕食圧などと大きく関係している。場所が少し違うだけでこれらの環境状態が大きく変わることがよくあるので、数センチメートル場所が違うだけで藻類量が大きく異なってくることがある。

コケ類

渓流に生育しているコケが、岩などを完全に覆ってしまっていることがある。光量が少ないために付着藻類の成長が妨げられているようなところで、コケは特に多くなる。カワゴケなど水生のコケもあるが多くは半水生で、長期間の乾燥に耐えることができるため、水面から露出した岩に生育していることが多い。

渓流における水の流れ方が変わると、生育するコケの種類も異なってくる。カワゴケ属やシメリゴケ属のような多年生のコケは安定した環境を好んでいる。一方、ウキゴケなどの一年生のコケは小さく、攪乱が起こるような不安定な場所に多く生育している。

コケが成長すると、大きな三次元構造の複雑な空間ができあがる。だから、コケが豊富にあると流れから避難できる空間が増加するため、多くの生き物が集まってくる。それはつまり、餌が豊富になるということでもあるので、さらに多くの底生動物が生息するようになる。コケ自体を底生動物が食べることはあまりないが、コケに付着した藻類や微粒子は、底生動物の餌になっている。

水生植物

懸濁物質が多いと川は濁ってしまい、光は川の深いところまで届かない。そのような川では、光合成することができる深さ、つまり水生植物が生育できる深さは、自ずと浅くなってしまう。植物の成長は光の量に依存しているため、川が濁っていると植物は成長できず、いつの間にか消滅してしまう。

渓流の上流域は渓畔林によって日陰になることが多いため、渓流内では藻類以外は基本的には生育できない。しかし、下流域では川幅が広くなり、日光が差すようになり栄養分も多くなるので、水生植物が群落となって生育することができる。コケと同じように、どんな水生植物が生育するかは流れの状態に依存している。水位の変動が緩やかな川では、アシ類が繁茂している。

水生植物が川の中に存在していると流速は遅くなる。それによって川の中の砂やシルトも河床に沈降していく。また、植物が存在すること自体が付着藻類に基質を提供していることになる。キンギョモなどは、わざわざ化学物質を放出して、付着藻類を食べる底生動物に自身の存在を知らせている。引きつけられてやってきた底生動物に自身に付着した藻類を食べてもらい、付着藻類の成長を減らし、光合成をしやすくしているのだ。ちなみに、水生植物自体を餌にしている底生動物はあまりいない。

■脊椎動物

魚類

淡水魚は世界に一万二〇〇〇種ほどが知られており、全魚類の約四〇%を占めている。日本には六〇〇種ほどが生息している。そして、それらは地球上に存在するすべての水の〇・〇一%にも満たない河川や湖沼などの陸水に生息している。

淡水域と海水域の境界(汽水域)では、さまざまな形で魚類の出入りがあるため、淡水魚を明確に定義することは難しい。生活史にもとづく分類をすると、淡水魚は三つのグループに分けられる。コイやウグイなどのように淡水で生涯を完結させるもの(純淡水魚)、ウナギやアユのように一時期を海水で過ごすもの(通し回遊魚)、ボラやスズキなどの海水魚・汽水魚が淡水域に侵入したもの(周縁性淡水魚)である。

純淡水魚は二〇〇種ほど、淡水と海水を行き来する通し回遊魚は一〇〇種ほど存在する。通し回遊魚の代表はサケだろう。ダムなどで川をせき止めると、サケなどが回遊できなくなり、生息地を破壊することになる。

淡水内を行き来する魚もいる。ブラウントラウトやカワマスなどでは、湖を海と見立てて湖と河川との間を行き来する個体群もおり、通し回遊魚と同様の生態が見られる。

サケ科魚類は、河床に生息しているさまざまな底生動物を食べている。夏や秋には、水面に落下した陸生の昆虫も餌にしている。カジカやハヤなどは、年中、河床に生息する底生動物を餌としている。

渓流ではサケ科魚類が優占しているが、下流に行くとほかの種に置き換わっていき、コイ科の魚が出現する。また、魚類の構成が変化するだけでなく、水温や川底の変化に伴ってより多様になる傾向があり、さらに下流には、おもに植物質のものを餌とするソウギョ（外来種）、川底で生息している生き物を餌として食べるハゼ類やナマズなどが出現する。

両生類

両生類は世界で約六五〇〇種存在している。日本では七六種を見ることができ、そのうちの六一種が日本の固有種である。有尾類（サンショウウオやイモリ）や無尾類（カエル）を含むほとんどの淡水両生類は、水の中に卵を産み、幼生時代を水中で過ごす。比較的短命で、変態の後も水中やその近くに残るものが多い。幼生は基本的にえら呼吸を行い、成体は肺呼吸を行うが、皮膚呼吸も行っている。

流水にのみ生息している両生類はほとんどいない。中国と日本にいるオオサンショウウオ二種は、比較的冷たい流水中に生息していて、約一・五メートルまで成長する。動物食で、魚類、甲殻類、貝類、ミミズなどを食べている。

鳥類

多くの鳥が採餌のために川を使っているが、水生の鳥といえるものはあまりいない。大きな河川を生息地にしている鳥は、湖や湿地でも生息することができる。川底の生き物を餌にしている鳥を流水性の鳥と定義づけるのであれば、真に流水性の鳥は、カワガラスぐらいである。

カワガラスは世界に六種いる。ヨーロッパに一種、ユーラシアに二種、アンデスに二種、北アメリカとメキシコ東部に一種である。カワガラスは、餌となる底生動物を捕獲するために水中を泳ぐことができる。ほかの水生の鳥のように、水が鼻に入るのを防ぐための鼻を覆うカバーももっている。また、防水機能の高い羽毛や強いくちばしをもっている。翼は足ひれとして使えるように設計されており、川の中に入ったときには、翼を水の流れに負けないようにしっかり川底と密着させることができるため、流されずにその位置を維持し餌を獲得することができる。カワガラスは、水生昆虫だけでなく、魚、甲殻類、軟体動物も餌としている。

おわりに

渓流の中にも生き物がたくさんいるんだよ、それぞれが独自の生き方を工夫しながら精一杯生きているんだよ、というのを伝えたくて、本書を書いた。普段から渓流に親しんでいる小学五・六年生にも理解できるよう、できる限り平易な言葉を使ったつもりである。また、視点をかえ言いまわしをかえて、同じ内容を何度も書いた部分もある。わかりやすい言葉で書いたために、専門的な見地からすれば言い回しに少し違和感を覚える部分もあると思うが、ご容赦願いたい。普段から渓流空間でゆったりとした時間を楽しんでいる釣り人や、登山の一形態としての沢登りを楽しむ人だけでなく、渓流沿いで遊んでいる子どもたちにもぜひ読んでもらいたいと思っている。虫とは縁のない生活を送っている中高生、渓流にはたくさんの生き物がいることを知らない中高生にも、ぜひ読んでもらいたい。この本は、虫の図鑑ではないし、生態学の専門書でもない。複層的な生態系をもつ森林空間の中で、渓流のある空間が好きだ、と思う人たちが渓流についてもう少し知りたいと思ったときに、手に取ってもらえれば幸いである。

近年、生物多様性を保全したり、ＳＤＧｓ（持続可能な開発目標）に向けた取り組みが求められたりしている。これらの活動が実を結ぶためには、環境保全等に全く関心のない人々もこれらの活動を頭で理解するだけでなく心で認識することが必要であろう。例えばマイクロプラスチック問題。都会で暮らしていれば、海洋のゴミのことなど関心を持たなくて済む。しかし、そのマイクロプラスチックが人間の体の中にすでに取りこまれていて、体に不具合を引き起こす可能性がある、となると自分事として活動に関心を持つようになるであろう。使っているプラスチック製品をむやみやたらと捨てないという行動に結びつくかもしれない。生物多様性の場合はもっと切実である。多様な生き物がいなくても一見、人間の生活が成立するように見えるからである。しかし、コロナウイルスに代表される人獣共通感染症は、生物多様性と大きく関係しているのだ。生物多様性保全の場合は、いろんな生き物を「いとおしい」と思えること、愛着を感じることが必要であろう。生き物に関心がなかった人が、この本を手に取ることによって、渓流の生き物に愛着を感じてくれればうれしいと思っているが、これは高望みだろうか。

川といえば大和川が真っ先に脳裏に浮かぶ大阪南部で私は育った。その当時の夏場の大和川では、かなり強烈なにおいが漂っていた日もあった。町の中心部を流れる川は汚いのが当たり前だと思っていた。しかし、その後一〇年ほど経った頃に高知県で目にした光景は、私の認識を根底から覆した。今も忘れられない、高知市の中心部を流れる川で多くの小学生たちが水遊びをしていたのである。川もきれいであった。都市中心部を流れる川は汚いものだと思っていた私の中の常識が、大きく崩れた瞬間であった。もちろん、田舎では市街地であっても川は汚くない、ということはテレビの映像や書籍の情報から頭ではわかっていた。市街地であってもきれいな川は存在するということを、心で認識できたことは貴重な経験となっている。

生き物のことを知ることは本当に難しい。一つのことがわかると、またわからないことが出てくる。その繰り返しである。特に流水の中に生息する底生動物については、わかっていないことだらけである。まだ名前もついていない生き物がたくさんいるのである。でも、名前はなくとも渓流の中にはたくさんの生き物であふれかえっていて、ものすごくにぎわっているということは、まぎれもない事実である。この本を読んで、読者のみなさんが渓流の中の生き物たちの営みに少しでも親しみを感じてもらえたら、幸いである。私も生き物の暮らしを少しずつひもといていける様、研究を進めていければと思う毎日である。

最後に、本書の出版にあたっては、築地書館の橋本ひとみさんと北村緑さんに大変お世話になった。心から御礼申し上げる。

二〇二二年　九月

吉村真由美

参考文献

小倉 紀雄，谷田 一三，島谷 幸宏 2010『図説 日本の河川』朝倉書店

大串 龍一 2004『水生昆虫の世界――淡水と陸上をつなぐ生命』東海大学出版会

太田 猛彦，高橋剛一郎 1999『渓流生態砂防学』東京大学出版会

可児 籐吉 1944「渓流棲昆虫の生態」日本生物誌，『昆虫，上』，117-317．研究社

川合 禎次，谷田 一三 2018『日本産水生昆虫 第二版：科・属・種への検索』東海大学出版部

柴谷 篤弘，谷田 一三 1989『日本の水生昆虫――種分化とすみわけをめぐって』東海大学出版会

谷田 一三 2010『河川環境の指標生物学（環境 Eco 選書）』北隆館

中野 繁 2003『川と森の生態学――中野繁論文集』北海道大学図書刊行会

永淵 修，海老瀬 潜一 2016『高山の大気環境と渓流水質 ――屋久島と高山・離島――』技報堂出版

水野 信彦，御勢 久右衛門 1993『河川の生態学 補訂新装版』築地書館

Allan, J.D., Castillo, M.M. 2007 *Stream Ecology* (2nd edition). Springer, Dordrecht, The Netherlands.

Cummins, K.W. 1974 Structure and Function of Stream Ecosystems. *Bio Science* 24, 631–641.

Cushing, C.E., Allan, J.D. 2001 *Streams-their ecology and life*. Academic Press, California USA.

Dodds, W.K. 2002 *Freshwater Ecology: Concepts and Environmental Applications* (Aquatic Ecology). Academic Press, California.

Frissell, C.A., Liss, W.J., Warren, C.E., Hurley, M.D. 1986 A hierarchical framework for stream habitat classification: Viewing streams in a watershed context. *Environmental Management* 10, 199–214.

Horne, A.J., Goldman, C.R. 1999 陸水学（原著第２版），手塚泰彦訳，京都大学学術出版会

Merritt, R.W., Cummins, K.W. 1996 *An Introduction to the Aquatic Insects of North America.* Kendall/Hunt, Dubuque.

Stanford, J.A., Ward, J.V. 1988 The hyporheic habitat of river ecosystems. *Nature* 335, 64–66.

Ward, J.V. 1992 *Aquatic Insect- Ecology 1. Biology and Habitat*. John Wiley & Sons, New York.

Williams, D.D., Felmate, B.W. 1992 *Aquatic Insects*. Cab International, UK.

索引

【著者紹介】

吉村真由美（よしむら　まゆみ）

大阪府生まれ。奈良女子大学大学院理学研究科修了、大阪府立大学大学院農学生命科学研究科中途退学、博士（理学）。

運輸省にて航空関係の業務に携わったのち、農林水産省入省。森林総合研究所四国支所研究員、国立研究開発法人森林総合研究所企画部研究評価室長を経て、現在は国立研究開発法人森林研究・整備機構森林総合研究所関西支所チーム長。渓流性水生昆虫の生理生態学、森林構造と生物群集との関係解明、放射性セシウム汚染による水生生物への影響、生態系サービスや生物多様性保全に関わる研究などを行っている。

流されて生きる生き物たちの生存戦略
驚きの渓流生態系

2022年12月8日　初版発行

著者　吉村真由美
発行者　土井二郎
発行所　築地書館株式会社
〒104-0045
東京都中央区築地7-4-4-201
☎ 03-3542-3731　FAX 03-3541-5799
http://www.tsukiji-shokan.co.jp/
振替 00110-5-19057
印刷・製本　シナノ印刷株式会社
装丁　秋山香代子

くわしい内容はホームページで。URL=http://www.tsukiji-shokan.co.jp/

藻類　生命進化と地球環境を支えてきた奇妙な生き物

ルース・カッシンガー［著］　井上勲［訳］

三〇〇〇円＋税

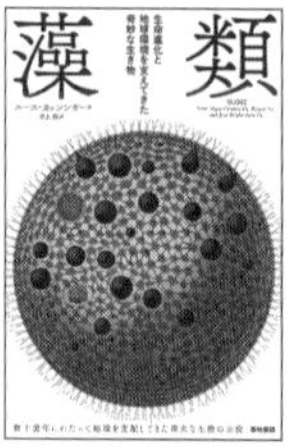

地球に酸素が発生して生物が進化できたのも、人類が生き残り、脳を発達させることができたのも、すべて、藻類のおかげだった。一見、とても地味な存在である藻類の、地球と生命、ヒトとの壮大な関わりを知る。

エビとカニの博物誌　世界の切手になった甲殻類

大森信［著］　二〇〇〇円＋税

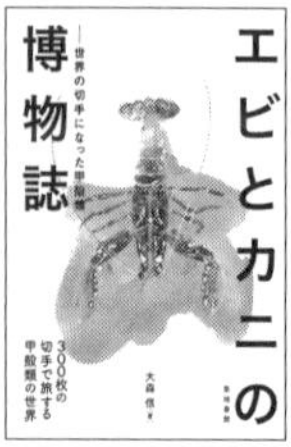

人々の暮らしと密接に関わってきたエビやカニなどの甲殻類は、世界中で郵便切手に描かれて親しまれてきた。その生態や文化との関わりを、60年にわたって海洋生物研究を続けた著者が紹介する。

緑のダムの科学　減災・森林・水循環

蔵治光一郎＋保屋野初子［編］

二八〇〇円＋税

「緑のダム」に関する科学的知見の前進、各地で始まった実践と政策的課題について盛りこんだ、第一線の研究者15名による、「緑のダム」最前線の書。

樹に聴く　香る落葉・操る菌類・変幻自在な樹形

清和研二［著］　二四〇〇円＋税

日本の森を代表する12種の樹それぞれの生き方を、緻密なイラストとともに紹介。長年にわたって北海道・東北の森で暮らし、研究を続けてきた著者が語る、身近な樹木の知られざる生活史。